# 杜泊羊与湖羊规模化生态健康养殖技术

成 钢 著

中国农业出版社
北 京

湖南文理学院白马湖优秀出版物出版资助

湖南文理学院微生物技术创新团队项目资助

民盟湖南省委会参政议政调研课题（XMYBLX202116）资助

湖南文理学院农业大分子研究中心资助

湖南省高校动物学重点实验室资助

水生动物重要疫病分子免疫技术湖南省重点实验室资助

湖南文理学院生命与环境科学学院动物健康养殖研究所资助

# 作者简介

**成钢**，男，1976 年出生，山西太谷人，博士，民盟盟员，湖南文理学院生命与环境科学学院教授，动物科学专业教研室主任兼实验室主任，湖南文理学院第五届学术委员会委员，民盟湖南文理学院委员会委员，湖南文理学院动物学湖南省高校重点实验室，湖南文理学院生命与环境科学学院动物健康养殖研究所学术骨干，湖南省常德市鼎城区科技专家服务团专家成员，常德安乡县雄韬牧业有限公司和常德市深耕农牧有限公司技术顾问。目前主要研究方向：肉羊健康养殖与粪便资源化利用。1994 年，在山西省生物制品厂从事药品检验及畜禽疾病防控工作；2005 年 6 月，获得山西农业大学动物遗传育种与繁殖专业硕士学位；2007 年 9 月，于中南大学生物科学与技术学院生物化学与分子生物学专业全日制攻读博士学位；2011 年 6 月获得博士学位后，返回湖南文理学院生命与环境科学学院从事教学与科研工作。2012 年至今，先后与肉羊养殖企业安乡县雄韬牧业有限公司和常德市深耕农牧有限公司展开校企合作，开展“洞庭湖区肉羊健康养殖与粪便综合利用技术”和“洞庭湖区杜泊羊与湖羊规模化高效生产关键技术”等研究工作，研究内容主要包括波杂山羊、杜泊羊与湖羊健康养殖技术，中草药在肉羊养殖业中的实践与应用，杜泊羊与湖羊生态健康养殖模式

与应用，羊粪资源无害化高效利用关键技术研究与示范等，以点带面大力发展循环健康养殖，在提高养殖经济效益的基础上提高生态综合效益。2015 年，由于与肉羊养殖企业产学研合作成效显著，接受常德市安乡县电视台采访，采访内容分别在安乡电视台和常德电视台播出。

作为常德市鼎城区政府首批科技专家服务团专家成员，近年来还对湖南省常德市西洞庭湖周边的十几个中、小型羊场进行肉羊健康养殖与疾病防控技术指导，并提出合理化的建议与整改方案，受益养殖户 50 余户。2018 年 8 月以来，先后到张家界市永定区谢家垭乡龙阳村、沅陵县大合坪乡团坪村、荔溪乡明中村和高家村进行科技扶贫工作；先后在常德市桃源县进行贫困村党员致富带头人养殖技术培训和新型职业农民培训综合养殖培训班授课，受益群众总计达 500 余人。近年来，先后主持湖南省科技计划项目（农业领域技术创新省重点研发计划）1 项、湖南省教育厅科学研究重点项目 1 项、民盟湖南省委会参政议政调研课题 1 项、湖南省研究生科研创新基金项目 1 项、湖南省教育厅教改项目 1 项、湖南文理学院校级项目 8 项。作为湖南文理学院双师双能型教师及大学生创新创业导师，2011 年以来，先后指导大学生研创项目共 67 项，指导学生发表科研论文 36 篇，指导学生获授权专利 1 项，指导学生获奖 29 项。2019 年 9 月，荣获湖南文理学院第七届“师德标兵”称号。先后以第一作者在 *Biomedicine & Pharmacotherapy*、《生物工程学报》《中国实验动物学报》《中国兽医科学》《中国血吸虫病防治杂志》《家畜生态学报》等国内外杂志及期刊上发表论文 80 余篇，国家一级出版社出版专著 2 部，获实用新型授权专利 2 项。

# 前言

洞庭湖作为中国水量最大的通江湖泊，是湖南的“母亲湖”。因其独特的自然环境和丰富的水、土、生物资源条件，洞庭湖一带是我国著名的鱼米之乡，是湖南省水利安全、粮食安全和生态安全的重要基地，也是湖南省可持续发展最具活力的板块之一，目前已成为湖南省乃至全国重要的现代农业示范区、城市腹地经济支撑试验区和国家大江大湖生态保护与经济协调发展的探索区，是我国重要的商品粮油基地、水产和养殖基地。为调整农业产业结构，促进农区草牧业发展，国家农业农村部相继出台了《全国肉羊遗传改良计划（2015—2025 年）》和《全国草食畜牧业发展规划（2016—2020 年）》，将培育繁殖性能高、生长发育快的专门化肉羊新品种作为重点任务，加快推进联合育种，支持和鼓励企业、高校和科研机构等联合组织实施。湖区种植业发达，秸秆与饲草资源丰富，肉羊养殖是近年来湖区农民增收的新亮点，具有成本低、投入少、见效快等优势。近年来，由于受非洲猪瘟、小反刍兽疫、

禽流感及新冠肺炎等疫情影响，国内猪、牛、禽肉、禽蛋价格市场波动起伏较大，而羊肉价格却一直呈现出相对稳步走高的趋势，结合洞庭湖区平原气候环境条件和秸秆资源优势，发展洞庭湖区的肉羊养殖具有得天独厚的区域优势。

杜泊绵羊（Dorper sheep），原产于南非共和国，简称杜泊羊，以产肥羔肉见长，胴体肉质细嫩、多汁、色鲜、瘦肉率高，在国际上被誉为“钻石级肉”。杜泊羔羊生长迅速，断乳体重大，遗传性能稳定，无论纯繁后代还是改良后代，都表现出极好的生产性能、适应能力与产肉性能。为进一步改良我国地方羊种的品质和产量，2001 年我国开始引入杜泊绵羊，目前主要在山东、河南、陕西、天津、山西、云南、宁夏、新疆和甘肃等省（自治区、直辖市）养殖，以其为父本生产的杂交一、二代羊，较当地绵羊在哺乳期日增重、优质肉率和经济效益等方面有显著改善，取得了良好的饲喂效果。2018 年，常德市深耕农牧有限公司首次在湖南常德地区引入杜泊羊进行适应性养殖，在夏季湿热高温季节和冬季寒冷季节对杜泊羊进行行为学观察，未发现明显的不适应性。

湖羊是我国太湖平原特有的羔皮用绵羊品种，在 2000 年和 2006 年先后两次被农业部列入《国家畜禽遗传资源保护目录》，主要分布于江苏、浙江和上海等地区，具有耐热、耐湿、惯舍饲、性成熟早、早期生长快、抗病力强和适应性强等特性。2018年，常德市深耕农牧有限公司首次在湖南地区引入湖羊进行适应性养殖，在夏季湿热高温季节对湖羊进行行为学观察，发现湖羊耐热性较强，同时对冬季寒冷季节适应性良好，未发现明显的不适应性。目前常德市深耕农牧有限公司已建成首批次4 000 $m^2$ 全舍饲规模化饲养场地，预计2023年杜泊羊和湖羊养殖数量可达3 000～5 000只。

近年来，杜泊羊和湖羊作为优良的肉羊品种被广泛地应用到肉羊生产中。随着杜泊羊和湖羊在洞庭湖区养殖数量的增加和推广力度的加大，人们对二者在当地的饲养管理和杂交利用等问题愈加关注。同时随着肉羊产业规模化、集约化程度的不断提高，有效提高母羊利用效率、繁殖性能、生长发育指标和屠宰性能，增加母羊产羔数量，提高羔羊成活率已经成为制约洞庭湖区肉羊产业发展的主要瓶颈。

洞庭湖区气候温和，雨水充沛，草场广袤，比较适宜肉羊养殖。利用湖洲滩涂、堤坝围堰等牧草资源大力发展养羊业，着力推进肉羊健康养殖，更新养殖模式，对肉羊粪便进行无害化处理和资源化利用，是促进农业生产良性循环和发展湖区畜牧业，增加养殖经济效益和生态效益，降低饲养管理成本行之有效的新举措，对湖区内杜泊羊和湖羊等品种肉羊养殖发展具有重要的示范作用和指导意义。事实证明，杜泊羊和湖羊杂交产生的后代在初生重、断奶重、哺乳期日增重、抗病力、抗逆性等方面均表现出良好的优势。实行洞庭湖区杜泊羊与湖羊全舍饲规模化健康养殖具有切实的科学性和可行性，是一种可持久发展的新型技术和养殖模式。发展洞庭湖区杜泊羊和湖羊特色健康养殖具有得天独厚的区域优势，值得大力推广应用。

推进肉羊生态健康养殖是实现我国肉羊养殖业高效规模化、保障畜产品质量安全、维护人民身体健康、促进社会和谐稳定的基本要求，是发展现代畜牧业的必由之路。通过提升养殖生产效率，种养结合，形成生态与经济良性循环，增加肉羊养殖附加值的同时降低环境污染，实现生态、经济和社会三大效益的统一。

本书在3项省级项目和10项校级大学生研创项目的资助下，利用前期校企合作取得的科研成果，在采用放牧和舍饲两种方式对杜泊羊与湖羊在洞庭湖区适应性养殖成功和积累相关适用技术的经验基础上，结合洞庭湖区平原气候环境条件和秸秆资源优势，主要从杜泊羊与湖羊规模化健康养殖技术、中草药在肉羊养殖业中的实践与应用、羊粪无害化处理与资源化利用，以及生态康养模式与应用等几个方面介绍适合洞庭湖区杜泊羊和湖羊全舍饲规模化养殖管理与生态健康养殖的经验，可为国内广大肉羊养殖户合理有效利用当地资源、探索与构建适合当地肉羊规模化健康养殖模式、增加养殖经济效益和生态效益、加快国内肉羊遗传改良步伐和提高健康养殖水平提供可行性参考，对调整当地农业产业结构、推进农业产业化经营、增加农民收入、助推乡村振兴具有重要意义。

本书是湖南省科技计划项目第四批农村领域重点研发项目“洞庭湖区羊粪资源无害化高效利用关键技术研究与示范”(2016NK2044)、湖南省教育厅重点项目：“羊粪添加蚓粪堆肥发酵除臭及堆体微生物群落结构多样性研究”(17A146)，民盟湖南省委会参政议政调研课题“关于发展洞庭湖区肉羊特色健康养殖助力乡村振兴的研究”(XMYBLX202116)，以及湖南文理学院 2020 年大学生创新性试验计划项目（ZC2006 至 ZC2014、ZC2017 至 ZC2020）的部分研究成果，在研究与写作的过程中得到了安乡县雄韬牧业有限公司和常德市深耕农牧有限公司的大力支持。感谢常德职业技术学院农经系园林技术 1901 班成展仪同学对本书中草药舔砖研制和牧草种植与青贮过程中的帮助与建议！感谢本课题组成员湖南文理学院生命与环境科学学院生科 19104 班的吕姮、贺思阳、覃秋艳、谢玉慧、张文青、蒋阳阳、周淑云、皇甫晓宇、咸海洪等学生的大力协助。在此，我代表课题组向他们致以诚挚的谢意！

本书适用于从事肉羊繁育、品种改良领域研究及杜泊羊和湖羊相关研究的各类本科、专科院校及研究院所教师、学生及技术人员阅读。本书还可作为动物科学、生物科学等相关专业教学参考书或教材使用。

书中不妥之处在所难免，敬请广大读者批评指正。

著 者

2021年3月

# 目录

# 第一章
# 洞庭湖区杜泊羊与湖羊规模化舍饲养殖介绍

肉羊的规模化、集约化养殖是未来肉羊养殖业发展的必然方向。一个地区一个肉羊品种能否进行规模化养殖主要取决于该品种对当地的气候、温度、湿度、饲养管理、牧草类型等多方面的适应性；能否沿袭原产地的行为习性、生长发育与繁殖性能；当地对新品种肉羊的认可度和推广度；该品种能否推进当地肉羊遗传改良与杂交利用的步伐和提高养殖水平。一个肉羊品种的规模化养殖与推广必然要经过前期的小规模适应性养殖，从中积累养殖与疾病防控经验和教训，摸索适宜种植的牧草品种、饲喂方式、繁殖管理技术等，才能为后续的规模化特色养殖提供参考依据与保障。

为了了解杜泊羊与湖羊在洞庭湖区的适应性，高效利用湖区资源，提高肉羊品质，降低养殖成本，发展具有环洞庭湖区地域特色的循环经济，笔者与常德市深耕农牧有限公司进行校企合作，采用放牧和圈养两种方式针对杜泊羊与湖羊在洞庭湖区养殖的行为习性、育肥增重效果、繁殖与屠宰性能等方面进行观测，并就规模化养殖的前景与亟待解决的问题提出自己的见解。结果表明：两个品种绵羊对两种饲养方式以及对洞庭湖区温暖潮湿的环境有较强的适应性，在断乳成活率、日增重、生长发育、繁殖性能、屠宰指标和杂交利用等方面均表现良好，实行放牧饲养及全舍饲规模化养殖均具有切实的科学性和可行性。

杜泊羊（Dorper sheep），生长快，断乳体重大，遗传稳定，无论纯繁后代还是改良后代都表现出较好的生产性能、适应能力与产肉性能。我国从 2001 年引入杜泊绵羊以来，目前主要在山东、河南、陕西、天津、山西、云南、宁夏、新疆和甘肃等地养殖（曹斌云等，2006）。湖羊是我国太湖平原特有的羔皮兼用绵羊品种，具有耐热耐湿、性成熟早、生长快、抗病力强和适应性强等特性（王伟，2007；王元兴等，2003）。近年来，随着杜泊羊和湖羊在南方各地饲养的兴起，人们对二者在当地的饲养管理、行为习性、生长发育、繁殖性能和杂交利用等方面愈加关注。自 2018 年洞庭湖区引入少量杜泊羊与湖羊以来，通过采用放牧和舍饲两种养殖方式观察其在当地的适应性与杂交利用，探讨洞庭湖区实行杜泊羊与湖羊全舍饲养殖管理的可行性。

## 一、杜泊羊和湖羊在洞庭湖区采用放牧与舍饲养殖行为、生长与繁殖性能比较

### （一）洞庭湖区放牧与舍饲杜泊羊的行为、生长与繁殖性能

2018 年，杜泊羊被首次引入常德西洞庭湖区。采用放牧和舍饲两种方式养殖后发现，杜泊羊对洞庭湖区温暖潮湿的环境有较强的适应性，其采食面广，抗病力强，生长速度较快，可常年繁殖。杜泊羊采用全舍饲养殖，饲喂玉米秸秆青贮饲料，成年公羊和母羊体重分别达到 80～90 kg 和 45～60 kg；杜泊羊公羊在 5～7 月龄达到性成熟，母羊初情期一般为 6～8 月龄，公羊和母羊的配种月龄分别为 7～12 月龄和 8～12 月龄；母羊全年可发情，主要集中于 9—12 月，发情周期为 15～18 d，发情持续期平均为 1～3 d；母羊妊娠期为 145～150 d，一胎多羔，多羔率可达到 75%以上。母羊母性好、产奶多，多胎后代成活率可达 95%左右，12 月龄平均体重为 35～45 kg。杜泊羊采用放牧方式养殖，与全舍饲养殖上述各指标相近，只在 12 月龄平均体重及日增重等指标方面略有不同（表 1 - 1）。大部分杜泊绵羊在放牧与舍饲两种养殖模式下，性格较为温驯，初春时节其体侧和腹部羊毛有脱落现象。通过对夏季湿热高温季节和冬季寒冷季节行为学观察，杜泊绵羊未出现明显的不适应性。

表 1-1　杜泊羊在洞庭湖区放牧与舍饲养殖生长与繁殖性能

| 饲养方式 | 公羊性成熟月龄 | 母羊初情期月龄 | 发情持续期 (d) | 公羊配种月龄 | 母羊配种月龄 | 成年公羊体重 (kg) | 成年母羊体重 (kg) | 出售时的体重 (kg) | 12 月龄平均体重 (kg) |
| --- | --- | --- | --- | --- | --- | --- | --- | --- | --- |
| 放牧 | 5～7 | 6～8 | 1～3 | 7～12 | 8～12 | 90～100 | 50～60 | 40～60 | 40～50 |
| 舍饲 | 5～7 | 6～8 | 1～3 | 7～12 | 8～12 | 85～90 | 45～60 | 40～60 | 35～45 |

### （二）洞庭湖区放牧与舍饲湖羊的行为、生长与繁殖性能

湖羊喜干燥，厌潮湿。舍饲是湖羊的基本饲养方式。2018 年，湖羊被首次引入常德西洞庭湖区。采用放牧和舍饲两种方式进行适应性观察后发现，引入的湖羊能够适应当地闷热环境，一年四季均可繁殖，一般 4—5 月配种，一胎多羔，多羔率可达到 75%以上。喜食带酸、甜、苦味的饲草，依旧具有胆小、畏光、喜安静、怕惊吓、喜食夜草的习性。在舍饲饲养管理条件下，羔羊从出生到 6～7 月龄体重呈持续增长的趋势，此阶段的羔羊生长发育速度最快，12 月龄左右体重可达 30～40 kg。在放牧养殖模式下，与全舍饲养殖上述各指标相近，只在 12 月龄平均体重及日增重等指标方面略有不同（表 1-2）。通过夏季湿热高温季节行为学观察，湖羊耐热性较强，同时对冬季寒冷季节适应性良好。

表 1-2　湖羊在洞庭湖区放牧与舍饲养殖生长与繁殖性能

| 饲养方式 | 公羊性成熟月龄 | 母羊初情期月龄 | 发情持续期 (d) | 公羊配种月龄 | 母羊配种月龄 | 成年公羊体重 (kg) | 成年母羊体重 (kg) | 出售时的体重 (kg) | 12 月龄平均体重 (kg) |
| --- | --- | --- | --- | --- | --- | --- | --- | --- | --- |
| 放牧 | 5～7 | 6～8 | 1～3 | 7～12 | 8～12 | 48～50 | 35～45 | 40～50 | 35～45 |
| 舍饲 | 5～7 | 6～8 | 1～3 | 7～12 | 8～12 | 45～50 | 30～45 | 40～50 | 30～40 |

## 二、杜泊羊与湖羊在洞庭湖区规模化养殖面临的主要问题

### （一）饲养管理技术有待提高

采用放牧和舍饲两种方式对杜泊羊与湖羊进行适应性养殖后发

现，两品种绵羊对两种饲养方式以及洞庭湖区温暖潮湿的环境有较强的适应性，在断乳成活率、日增重、抗病力、抗逆性等方面均表现良好，实行放牧饲养及全舍饲养殖均具有切实的科学性和可行性。但目前与国内其他地区相比，在体重增长速度、牧草种植品种、养殖管理技术等方面仍存在一定差距，主要表现为饲料品类单一、公母羊性成熟期较迟、羊舍不成规模、疾病防控技术薄弱等。

### （二）羊粪尿处理技术缺乏

规模化和集约化是我国肉羊养殖业发展的必然趋势。多年来，肉羊粪尿资源由于产量少、分布分散等原因一直未受到足够重视。目前堆肥发酵是洞庭湖区养殖户普遍采用的一种处理方式，处理方式单一与相关技术缺乏导致肉羊粪尿资源无害化处理与资源化利用效率较低，亟须解决的问题较多。随着养殖规模的扩大以及漏缝地板的广泛使用，可采取沼气利用、蚯蚓养殖、羊粪有机复合肥加工等方式对羊粪进行综合利用。利用羊粪养殖蚯蚓，实现种养结合以及羊粪立体综合循环利用，可有效解决当前杜泊羊和湖羊规模化舍饲养殖业环境污染问题。

### （三）对杜泊羊与湖羊的认可度有待提升

洞庭湖区人们历来有喜食山羊的习惯，而杜泊羊和湖羊属于绵羊品种，虽然后者具有生长快、抗病力强和对南方湿热环境适应力强等特性，但与当地人固有的“绵羊在湖南不能养活”的养羊观念相悖，多数养殖户对杜泊羊和湖羊在洞庭湖地区的养殖还持有观望和怀疑态度，当地对二者的认可度还有待进一步提升。相信随着杜泊羊和湖羊舍饲规模化养殖场在南方洞庭湖区的建设与示范，以及推广力度的加大，发展洞庭湖区杜泊羊和湖羊特色养殖会被大多数养殖户认可。

### （四）养殖经济效益有较大提升空间

随着采用放牧和舍饲两种方式对杜泊羊与湖羊在洞庭湖区适应

性养殖的成功和经验的积累，常德市深耕农牧有限公司对杜泊羊与湖羊羊舍进行科学规划，目前首批次已建成 4 000 $m^2$ 全舍饲规模化养殖场。采用校企合作互助模式，种植甜高粱等品种作为优质饲料，同时进行杜泊羊与湖羊饲喂后生长发育与育肥效果研究，优化全舍饲规模化饲养场草料结构。利用前期校企合作取得的科研成果，通过专用发酵生物菌剂对全舍饲条件下杜泊羊与湖羊粪便进行无害化处理与资源化利用，预计年处理羊粪 2 500～3 000 t。

洞庭湖区饲草、秸秆资源利用潜力巨大，可结合现有条件与自身养殖特色，采用不同的利用方式探索与构建适合当地肉羊规模化养殖的模式，提高养殖规模与养殖效益，加快当地肉羊遗传改良步伐。

## 三、洞庭湖区杜泊羊与湖羊规模化舍饲养殖的优势

洞庭湖作为中国水量最大的通江湖泊，因其独特的自然环境和丰富的水、土、生物资源条件，目前洞庭湖一带已成为湖南省乃至全国最重要的现代农业示范区，是我国重要的商品粮油、水产和养殖基地。为调整农业产业结构，促进农区草牧业发展，国家农业农村部相继出台了《全国肉羊遗传改良计划（2015—2025）》和《全国草食畜牧业发展规划（2016—2020 年）》，将培育繁殖性能高、生长发育快的专门化肉羊新品种作为今后工作重点。洞庭湖区种植业发达，秸秆与饲草资源丰富，肉羊养殖已成为近年来洞庭湖区农民增收的新亮点。作为优良的肉羊品种，杜泊羊和湖羊在南方地区推广养殖具有成本低、投入少、见效快、可借鉴等优势。近年来，由于受非洲猪瘟、小反刍兽疫、禽流感及新冠肺炎等疫情影响，国内猪、牛、禽肉、禽蛋价格市场波动起伏，而羊肉价格却一直呈现出相对稳步走高的趋势，结合洞庭湖区平原气候环境条件和秸秆资源优势，发展洞庭湖区杜泊羊和湖羊特色养殖具有政策优势和得天独厚的区域优势，对调整当地农业产业结构、推进农业产业化经营、增加农民收入、助推乡村振兴具有重要意义。

## 四、洞庭湖区杜泊羊与湖羊的杂交利用

### （一）杜泊羊、湖羊杂交后代的产羔率比较

通过对杜泊羊、湖羊杂交后代在洞庭湖区养殖时期的产羔率、断乳成活率等数据分析，杜泊羊与湖羊杂交组合与杜泊羊、湖羊本品种交配产生的后代在单羔率、双羔率、三羔率及断乳成活率指标差异不显著，适宜南方规模化生产。杜泊羊、湖羊杂交后代的产羔率详见表1-3。

**表1-3　杜泊羊、湖羊及其杂交后代的产羔率（%）**

| 组合 | 单羔率 | 双羔率 | 三羔率 | 四羔或五羔率 | 断乳成活率 |
|---|---|---|---|---|---|
| 杜×杜 | 24.7 | 59.5 | 14.6 | 0 | 94.6 |
| 湖×湖 | 24.2 | 60.0 | 15.0 | 0 | 95.1 |
| 杜×湖 | 25.3 | 58.9 | 14.7 | 0 | 95.5 |

注：杜×杜，表示杜泊羊和杜泊羊交配；湖×湖，表示湖羊和湖羊交配；杜×湖，表示杜泊羊和湖羊交配。

### （二）杜泊羊与湖羊以及杂交后代在洞庭湖区生长及屠宰性能比较

采用放牧方式养殖，每日下午放牧1次，傍晚归圈；采用舍饲养殖，以常规玉米青贮饲料或玉米黄贮饲料为主要日常饲料，早晨和下午各饲喂1次。上述两种方式养殖的杜泊羊、湖羊，以及杜泊羊与湖羊杂交一代、二代6月龄体重分别为20～25 kg、17～23 kg、20～25 kg和23～28 kg，可达成年体重的30%左右，12月龄时可达成年体重的75%左右，平均日增重为110～140 g。采用放牧管理的杜泊羊、湖羊及其杂交后代育肥性能较舍饲的羊高。湖羊生长发育前期快后期慢，1周岁基本定型，特别是出生后1个月，生长发育最快。上述四种绵羊体重达40～60 kg时进行屠宰，平均胴体重为30 kg左右，净肉率50%左右，几种肉羊育肥与屠宰性能比较见表1-4和表1-5。

**表1-4　杜泊羊、湖羊及其杂交后代育肥性能比较**

| 项目 | 出生体重（kg） | 2月龄断奶体重（kg） | 5月龄断奶体重（kg） | 6月龄断奶体重（kg） | 12月龄断奶体重（kg） | 平均日增重（g） |
|---|---|---|---|---|---|---|
| 杜泊羊 | 1.5～3 | 5～7.5 | 17～23 | 20～25 | 40～50 | 125 |
| 湖羊 | 1.3～2.5 | 7～10 | 15～20 | 17～23 | 35～45 | 110 |
| 杂交一代 | 2.5～3.5 | 8～10 | 17～23 | 20～25 | 45～55 | 135 |
| 杂交二代 | 3～4 | 10～15 | 20～25 | 23～28 | 50～60 | 140 |

**表1-5　杜泊羊、湖羊及其杂交后代屠宰性能比较**

| 品种 | 宰前活重（kg） | 平均胴体重（kg） | 平均净肉重（kg） | 平均净肉率（%） |
|---|---|---|---|---|
| 杜泊羊 | 50.5 | 31.3 | 27.8 | 55.0 |
| 湖羊 | 45.6 | 26.4 | 22.8 | 50.1 |
| 杂交一代 | 50.8 | 32.7 | 28.7 | 56.5 |
| 杂交二代 | 50.9 | 32.9 | 28.9 | 56.8 |

注：胴体重，表示除去内脏后带骨肉的重量；净肉重，表示胴体去除头和蹄后的重量；净肉率，净肉重除以宰前活重。

通过对杜泊羊、湖羊及其杂交一代、杂交二代育肥与屠宰各项生产性能分析得出，杜泊羊与湖羊是一个较好的杂交组合，杜湖杂交一代与杂交二代在生长、繁殖和屠宰性能各指标均表现良好，在洞庭湖区通过杜泊羊与湖羊杂交来进行商品肉羊生产具有一定的优势。

# 第二章
# 杜泊羊与湖羊规模化健康养殖

2015年，国务院办公厅发布的《关于推进农村一、二、三产业融合发展的指导意见》中提出应以农牧结合、农林结合、循环发展为导向，加快农业机构调整，优化绿色农业发展，优化种植养殖结构，加快种养循环农业发展。《农业部关于进一步调整优化农业机构调整的指导意见（农发〔2015〕2号）》提出要以“粮草兼顾、农牧结合、循环发展”为导向，调整优化种养结构。2017年中央一号文件明确指出，要确实推进绿色生产方式，增强农业可持续发展能力，以推进农业供给侧改革为主线，加快结构调整与优化产品结构，推进农业提质增效。因此，优化种植结构、推广种养结合模式、推进种养业协调高效发展已成为我国现代农业可持续发展的重要方向。放牧养羊是一种传统落后的生产方式，已不能适应我国当前畜牧业现代化发展的潮流，更不符合国家生态可持续发展的战略目标，发展健康生态种养是养殖业发展的现状和未来的方向。

采用校企合作方式，通过洞庭湖区杜泊羊和湖羊养殖基地建设，逐步建立了健康、循环、清洁生产的长效机制，建立健全高效生态健康养殖生产制度。采用肉羊舍饲圈养技术，实施精细化健康生态生产模式，充分利用当地自然环境，规模化种植玉米及甜高粱等作物，通过青贮或黄贮方式，全面、科学、高效、综合利用秸秆资源，减少因秸秆焚烧对环境造成的污染，提高秸秆利用率的同时，明显改善了湖区的生态环境。以促进肉羊健康养殖为目的，以传统中医药理论为依据，采用先进的加工工艺和组合配方，研发了可替代部分抗生素药品使用的中草药饲料添加剂，在提高肉羊抗病力、抗应激、生产性能、促生长和改善羊肉品质等方面起到了积极作用。此外，课题组创新性地试制了肉羊中草药舔砖并取得了较好的饲喂效果，为国内肉羊养殖户实施杜泊羊和湖羊健康生态养殖提供了示范。

# 第一节 玉米秸秆青（黄）贮技术与杜泊羊、湖羊饲喂效果

## 一、杜泊羊与湖羊玉米秸秆青贮饲料生产技术

2016年中央一号文件指出，加快发展草食牧业，支持青贮玉米和苜蓿等饲草料种植，开展“粮改饲”和种养结合模式试点，促进粮食、经济作物、饲草料三元种植结构协调发展。湖南作为畜牧业大省，自国家“粮改饲”项目实施以来，种植业发达、秸秆与饲草资源较为丰富的洞庭湖区青贮玉米种植与推广面积逐年增大。青贮玉米作为一种营养价值较高，生物资源量较大的粗饲料，是制作青贮饲料的最佳品种。由于其植株高大，叶片宽大，种植技术简单，刈割青贮方便，产量高，营养丰富，在反刍动物优质粗饲料供应上占有重要地位。随着国内粮食形势向好趋势与省内肉羊养殖专业户养殖规模的扩大，种植饲用型玉米品种制作全株玉米青贮饲料，已成为多数养殖企业或专业户的明智选择。玉米可以鲜喂也可青贮。玉米全株青贮技术操作简单，易于贮存，占地少，成本低，青贮后的玉米具有营养丰富、气味芳香、适口性好、易于消化等优点，能够保证草食家畜全年青饲料的有效安全供给，已成为反刍家畜不可缺少的重要饲料，可显著降低养殖成本，促进优质有机畜产品的生产。

### （一）青贮饲料特点

玉米青贮饲料是指将乳熟期至蜡熟期的青贮品种玉米刈割后，切碎、密封贮存在青贮窖内，在密闭缺氧的环境下，通过厌氧乳酸菌的发酵制备而成的饲料。经过青贮后的玉米秸秆具有气味酸香、柔软多汁、适口性好、营养丰富、消化率高、饲喂成本低、易于贮

存、制作简便、可全年均衡供应等特点。

### （二）青贮玉米的品种选择

国内目前没有专用青贮玉米品种，选择用于青贮玉米的品种要综合考虑地形地势、土壤特点、产量、品质、用途、抗性及收获时间等因素。一般选择叶片宽大、粮饲兼用、适合密植栽种的品种为宜，主要有“正大 12”“曲辰 9 号”“红单 6 号”“红单 10 号”“胜玉号”“华玉 11 号”“云瑞 10 号”“渝青 506”“筑青 1 号”“奥玉 5102”等 20 多个品种。

### （三）玉米青贮饲料的原理、制作流程与品质评价

**1. 青贮原理** 青贮是将玉米刈割后切碎，添加含乳酸菌在内的复合微生物制剂、纤维霉素、植酸酶、果胶酶等酶制剂，有时还添加氨、尿素等成分，压实密封于青贮窖内，在厌氧条件下，利用乳酸菌对原料进行厌氧发酵，产生乳酸，使窖内玉米秸秆 pH 降到 3.5～4.2。乳酸菌分泌的乳酸使得饲料呈弱酸性，可有效抑制窖内秸秆中其他微生物的生长，达到对玉米秸秆进行长期稳定保存的目的。

**2. 玉米青贮饲料的制作流程** 玉米青贮饲料的制作流程主要包括场地选择与建设设备租借与购买、刈割收获、切碎调制、窑装压制、封窑密闭、贮藏发酵、开窑利用 8 个步骤（图 2－1）。青贮场地一般选择避风向阳、地势较高、排水良好、土质坚硬的位置，既要远离粪场污池，又要靠近饲喂场所，方便取用与管理。青贮池的大小主要取决于养殖规模和玉米秸秆的青贮量，一般为三面有池壁的长方形，一面敞开，便于上料饲喂，地面以水泥为好，池壁光滑，池底里高外低，利于排水，坡度为 2°～3°。玉米在收割前一周应浇灌一次水，使植株内部水分充足，确保玉米青贮质量。青贮玉米应适时收割，最佳刈割时间应选择玉米穗乳熟期至蜡熟期。此时，玉米茎叶翠绿，含有较高的干物质和营养物质，收割机械宜采用专用青贮收割机，将玉米的秆和籽粒等地上部分整株刈割，全株

切碎，青贮玉米秸秆切碎长度一般为 2～4 cm。刈割时应注意不能将地面泥土带到切碎的饲料中。

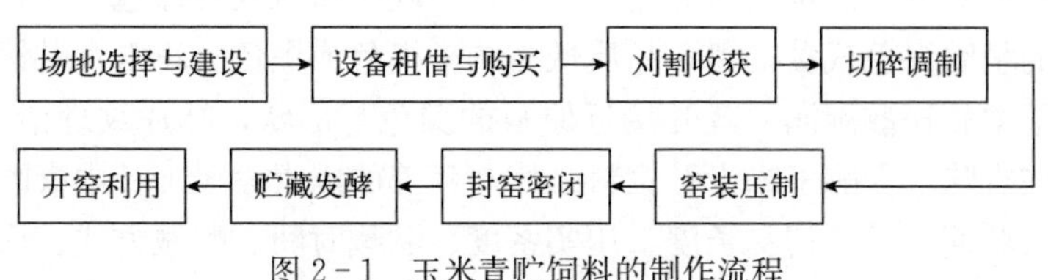


图 2-1　玉米青贮饲料的制作流程

玉米青贮料装填青贮池前，先对青贮原料进行水分含量检测，水分含量控制在 65%～70%较为理想，即用手紧握原料，以指缝有水珠渗出而不往下滴为宜。填装切碎的玉米秸秆前，应对青贮池进行消毒处理，并在玉米秸秆原料中拌入适量青贮菌，青贮菌用适量水稀释后，用喷雾器逐层、均匀地喷洒在青贮原料上，边装填边踩边压实，每装填 20 cm，压紧 1 次。青贮池装满压实后，玉米秸秆原料应高出池口 40～50 cm，特别注意要将池壁四周压紧压实。封窖时宜采用双层塑料薄膜，将表层空气挤压排除后加土封盖，以防止青贮原料表层腐败。定期检查窖顶和窖口，防范鸟类与鼠类破坏，一般经 30 d 左右发酵即可开窖，随用随取（图 2-2、图 2-3）。

图 2-2　玉米秸秆青贮池取料现场

图 2-3　玉米秸秆青贮发酵成品

**3. 玉米秸秆青贮饲料的品质鉴定**　由于全株玉米含水率较高，青贮时容易腐烂变质，青贮制作过程的每个环节都可能影响到青贮饲料品质。玉米青贮制作方法及技术环节的失误或不严格，往往会导致玉米青贮饲料的质量相差较大。玉米青贮的质量关系到肉羊机体健康和养殖效益，因此对青贮饲料的品质鉴定和判别尤为重要。品质良好的青贮饲料营养流失较少，一般呈绿色或黄绿色，质量稍差的呈暗绿色或黄褐色，品质低劣的呈褐色或黑色。正常青贮饲料质地柔软松散湿润，茎叶接近原料的颜色与形状，叶片纹理清晰，有酸香味。影响玉米青贮饲料品质和营养的因素较多，其中青贮玉米收获期、青贮切割长度、压实密度、贮藏时间、贮藏方式、取用方法和取用进度是影响其营养与品质的重要因素。玉米秸秆青贮饲料的营养品质会随着开窖后贮存期的延长而逐渐降低。

### （四）青贮饲料饲喂技术要点

优质玉米秸秆青贮饲料中含有乳酸、乙酸、醋酸和丁酸，因此应避免长期大量饲喂造成机体酸中毒。饲喂青贮料期间不建议饲喂胡萝卜等多汁饲料，可适量搭配优质青干草，以避免青贮饲料造成瘤胃酸度过高而对肉羊健康产生不利影响。由于全株玉米青贮饲料中含有玉米籽实，相当于部分精饲料。因此，可减少精饲料饲喂量并注意微量元素的补喂。初次进行青贮玉米秸秆饲喂时，饲喂量不宜过多，一般每次饲喂量为 0.25 kg 左右，后根据肉羊取食量和健康状况逐渐增加到适宜饲喂量。若饲喂后发现肉羊有腹泻或不适现象，可在饮水中添加少量碳酸氢钠以调节体内的酸碱平衡。

## 二、杜泊羊与湖羊玉米秸秆黄贮饲料生产技术

### （一）玉米黄贮介绍

玉米秸秆是洞庭湖区主要的农作物秸秆之一，具有分布广、生物量大、价格低、开发利用潜力大等特点。我国的玉米秸秆资源非常丰富，据估计每年可产生玉米秸秆 1 亿 t 以上，合理开发利用玉米秸秆作为牛和羊等草食家畜的饲料资源是提高家畜生产性能和降低养殖成本的有效途径。玉米黄贮是指在玉米成熟期，先收获玉米果穗，再收获玉米的茎叶，经切碎、调制加工后，通过乳酸菌在厌

氧环境下发酵产生酸性环境，抑制和杀死有害微生物制成的饲料。利用秸秆为原料进行青贮和黄贮的研究一直备受国内外的关注，两者的主要区别是所用玉米秸秆原料不同。研究发现，玉米秸秆在完全失去绿色时，仍含有35%～50%的可消化物质，其中粗蛋白含量约为4%，粗纤维含量维持在35%左右。大量研究表明，黄贮对玉米秸秆的品质及微生物多样性有显著影响，玉米秸秆经黄贮后降低了秸秆中的粗纤维含量，提高了总酸及粗蛋白的含量，使秸秆中的细菌群落丰富度和多样性显著降低，玉米秸秆的营养品质与适口性得到明显改善，可显著提高肉羊对玉米秸秆饲料的消化率。黄贮玉米饲料具有维生素与微量元素含量丰富、有机物消化率较高等特点，一般选择粮饲兼用、活秆成熟的玉米进行黄贮。玉米黄贮秸秆饲料的制作除原料选择玉米收获后的秸秆外，其他流程同玉米青贮。在制作黄贮饲料时，可以添加一部分红薯藤、青草、花生秧等青绿饲料，黄贮窖（池）选择与建设标准参考青贮池。

### （二）玉米黄贮后的品质评定

玉米秸秆按照青贮流程进行密闭贮藏后30～50 d即可开封取料，根据色泽、气味、水分含量、疏松度和pH等理化性质进行品质鉴定。优质黄贮玉米秸秆颜色呈现黄绿色，气味芳香且有果香味，用手紧握湿润但不形成水滴，玉米叶片纹理清晰，pH 3.9～4.2；较差的黄贮玉米秸秆颜色呈现黄褐色，气味酸香，玉米叶片纹理清晰，质地松软，pH 4.2～4.5；更差的黄贮玉米秸秆颜色为褐色，用手紧握后有水渗出，玉米叶片纹路较为模糊，pH 4.5～6.0；劣质的黄贮玉米秸秆颜色为深褐色，有霉烂变质的气味，质地黏滞或黏结成块状，pH在6.0以上。品质优良的黄贮玉米秸秆可作为肉羊日常主要的饲料；品质一般的黄贮玉米不应作为舍饲肉羊的主粮，只可适量添加；劣质的黄贮玉米秸秆不建议饲喂。

### （三）玉米黄贮饲喂注意事项

开窖后，随取随喂，及时清理霉变腐烂的饲料，以减少杂菌污染新鲜的黄贮饲料。每次取料完毕应及时将取料口封严，以避免二次发酵和黄贮饲料的腐败。初次饲喂黄贮玉米秸秆时，喂量不宜过多，一般每次饲喂量以 0.25 kg 为宜，根据肉羊取食量和身体状况逐渐增加饲喂量。若饲喂后发现肉羊有腹泻或不适现象，可在饮水中添加止泻药止泻或添加少量碳酸氢钠以调节体内的酸碱平衡。

通过对舍饲圈养的杜泊羊和湖羊饲喂青贮和黄贮玉米秸秆后取食与生长情况后发现，饲喂青贮玉米的肉羊在取食、增重和膘情等指标方面较饲喂黄贮玉米秸秆的肉羊高，建议应加大玉米秸秆青贮的推广。

## 三、甜高粱作为洞庭湖区杜泊羊与湖羊饲草的可行性

### （一）甜高粱介绍

甜高粱属禾本科高粱属植物，饲用型甜高粱是禾本科粒用高粱的一个变种，除具有一般高粱作物的耐旱、抗涝、耐盐碱、耐瘠薄、耐高温和抗寒等特性外，还具有光合效率高，根系发达，植株高大，茎秆中含有大量的汁液，含糖量高，适应性强，生物产量高等特点。甜高粱高度可达 500～600 cm，每亩*可产青饲料 6 000～10 000 kg，平均每公顷产鲜草 135 t 以上，是青饲玉米的 0.5～1 倍，是目前已知的作物中生物量最高的作物，被称为“作物中的骆驼”（梁新华等，2006；付晓悦等，2018）。研究数据表明，甜高粱整体碳水化合物含量高出饲用型玉米 2 倍以上，高出粮饲兼用型玉米 3～4 倍，含糖量一般可达 11%～21%，较饲用型玉米高 3%～5%，出汁率高达 20%左右，不仅营养丰富，而且适口性好，饲料转化率高，是牛、羊等草食反刍动物的优质饲草。目前，美国、澳大利亚等国家，甜高粱的种植面积已达 10 万～30 万 $hm^2$，印度、阿根廷、日本、伊朗、墨西哥等国对甜高粱进行饲用研究和开发，并也已有大量应用，我国将甜高粱作为饲料作物种植起步不久，发

* 亩为非法定计量单位，15 亩＝1 $hm^2$，下同。——编者注

展潜力十分巨大。在洞庭湖区种植的甜高粱，既可青饲又可青贮饲用。

### （二）甜高粱的品种与刈割

甜高粱品种主要有 Keller、ST008、F438、A85、H310、BJ0603、高丹草（A60）、大卡、海牛、大力士、和糖粒两用高粱（E048）等。一般播种后 50～60 d，甜高粱高度达 150～200 cm 时进行刈割饲用，以后每隔 50 d 或高度达到 150～200 cm 时即可收割。第 1 次刈割后一般可以分蘖 2～3 株，每次收割后留茬最佳高度为 10～15 cm。每收割一次后都要进行施肥，以保证其生长所需养分供给，一般施用尿素每亩 10～20 kg。在适宜气候和环境下，洞庭湖区一般每年可收割 2～3 次。甜高粱种子建议从正规厂家或公司购买，由于其多为杂交品种，因此收获的种子不可留作种用。

### （三）国内甜高粱饲喂效果研究进展

目前，甜高粱青贮后饲喂奶牛、肉牛在国内报道较多（张苏江等，2000；宋金昌等，2008），而用于肉羊舍饲养殖的报道较少。王楠等人研究了不同甜高粱品种和不同收获期对其生物量和品质的影响后发现，甜高粱在整个生育时期的生物量和营养成分不同，其中植株干物质、糖锤度和无氮浸出物含量随生长期的延长而呈上升的趋势；而粗脂肪、粗蛋白、粗灰分以及纤维素含量则呈现逐渐下降的趋势（王楠等，2018）。付晓悦等人通过研究甜高粱和玉米青贮饲粮育肥肉羊的养分利用与肉质性能后发现，甜高粱青贮后对于牛羊等反刍动物具有一定的饲喂价值，但甜高粱青贮型饲粮对肉羊的育肥效果不如玉米青贮型饲粮（付晓悦等，2018）。侯明杰等人选取体况一致的 3 月龄杜泊羊、小尾寒羊，通过测定饲喂玉米青贮和甜高粱青贮饲料后第 30、60、90 天的血常规参数后发现，与饲喂玉米青贮饲料相比，饲喂甜高粱青贮饲料并未对绵羊健康产生不良影响，可作为绵羊优质饲粮进行推广（侯明杰等，2018）。白晶晶利用饲用型甜高粱秸秆青贮与玉米秸秆青贮饲喂肉羊，通过日采食量、日增重的测定对比，进一步证明了利用青贮饲用型甜高粱秸秆育肥肉羊具有增重快、饲料转化利用率高、育肥效果明显等优点（白晶晶，2015）。通过对圈养杜泊羊和湖羊饲喂新鲜和青贮后的甜高粱，两品种肉羊在取食、增重和膘情等方面指标与饲喂青贮玉米秸秆后的肉羊饲喂效果相当。以上结果表明，甜高粱具有较佳的饲用性能和营养价值，利用新型饲料作物甜高粱饲喂杜泊羊和湖羊具有科学性和可行性。

### （四）种植饲用甜高粱存在的问题

作为一种新型的一年生草本饲料作物，饲用型甜高粱被国内牛羊养殖户和企业广泛种植。但目前还存在出苗率低，播种后管理粗放，田间杂草多，施肥、灌溉与刈割不及时等问题，导致产量和品质达不到预期。随着我国肉羊养殖规模和数量不断扩增，饲草需求量也随之增加，作为优质饲草品种，洞庭湖区养殖户在种植饲用甜高粱时，应按照生产厂家说明书进行科学种植和管理，杜绝管理粗放，及时清除田间杂草，适时灌溉与施肥，以保证饲用甜高粱的产量和品质。

## 第二节　中草药在肉羊养殖业中的实践与应用

中草药是我国传统医学的重要组成部分，含有维生素、矿物质、生物碱、氨基酸、多糖、微量元素等多种营养成分，具有较高的药用价值。我国作为农业大国和人口大国，畜禽产品需求量巨大，生产无公害有机产品和发展有机循环畜牧业是今后努力的方向。目前，许多国家已禁止抗生素类添加剂在畜禽养殖中的使用，在此背景下，中草药因其具有天然性、多功能性、毒副作用小、无抗药性等多种特性，已成为解决国内畜牧养殖业药物残留及副作用问题的研究热点和方向，备受青睐。

当前，国内外对中草药在动物上的应用主要集中在提高动物生产性能和提高机体免疫力等方面。大量的研究证明，在畜禽日粮中添加适当比例的中草药成分，可以促进动物生长，调节机体新陈代谢与免疫功能，抗菌消炎，抗应激反应，提高繁殖性能，改善畜产品品质，对动物传染病的预防和治疗也有积极作用。王霞等人在湖羊基础日粮中添加4%和5%的复方中草药后，证明饲喂中草药可提高产肉性能，增加羊肉嫩度，改善机体的免疫功能和促进瘤胃发育（王霞等，2019）。王明海等人以麦饭石、枳实、苍术、山楂等中药组方对湖羊进行饲喂能增加血清中促生长素（GH）和胰岛素样生长因子Ⅰ（IGF-Ⅰ）的含量，日粮中添加1.5%和2%中草药平均日增重可分别提高16.23%和16.69%，经济效益提高58.96%和54.55%（王明海等，2008）。张瑜等人在绵羊标准日粮中添加利用山楂、麦芽、陈皮、何首乌、五味子、川芎、黑豆制备的中草药复合添加剂，结果显示具有增强绵羊的抗氧化机能（张瑜等，2018）。张文佳等人选用陈皮、麦芽、山楂等7味中草药饲喂绵羊，显著提高了绵羊瘤胃羧甲基纤维素酶的活性，促进了饲草料中纤维素在羊瘤胃内的消化代谢（张文佳等，2019）。杨保田等人利用当归、党参、黄芪、淫羊藿、益母草、覆盆子、女贞子等中草药饲喂繁殖母羊，有效诱导非繁殖季节母羊的发情（杨保田等，2010）。林萌萌等人在基础日粮中添加厚朴、枳壳、山楂等14味中草药，结果显示能够显著提高肉羊采食量和平均日增重，提高饲料转化率，减少粪污排放量（林萌萌等，2018）。吕亚军等人以王不留行、黄芪、白术、当归、党参、川芎等中药组方饲喂滩羊，显著提高了母羊产后1～15 d的日产奶量（吕亚军等，2010）。朱应民等人选用由山楂、神曲、天冬、黄芪、党参、陈皮、苍术、肉桂、甘草等中草药组方，饲喂小尾寒羊与杜泊羊杂交一代公羔后发现可明显促进肉羊生长发育，提高日粮采食量、日增重和饲料转化率（朱应民等，2014）。刘建国等人用当归、黄芪、甘草、山楂、陈皮组成中草药添加剂，按日粮的5%添加饲喂，肉羊增重效果显著（刘建国等，2017）。为探索中草药添加剂对种公羊精液品质的影响，邱黛玉等人用当归、党参、黄芪、淫羊藿、菟丝子等19味中草药复方配伍作为饲料添加剂，按每只种公羊饲喂饲料量的1%饲喂3周后发现，公羊性反应时间显著缩短，射精量、精子密度显著提高，精子畸形率显著降低（邱黛玉等，2011）。另外，中草药对羊传染性疱疹（羊口疮）、急性胀气病、羊痘、结石、感冒、肺炎、痢疾、破伤风、乳腺炎等病症均有较好疗效。

综上所述，与传统抗生素及化学药物相比，中草药作为饲料添加剂具有无可比拟的优势，在提高肉羊抗病力、增强抗应激能力、强化免疫力和繁殖力、提高生产性能、促进生长和改善羊肉品质等方面均可起到积极的作用，具有广阔的应用前景。如何开发利用天然植物中草药替代目前频繁使用的化学药物，提高畜禽生产性能已成为当前饲料添加剂发展的趋势。课题组以促进洞庭湖区肉羊健康生态养殖为目的，以传统中医药理论为依据，继承和发扬我国医药学宝贵遗产，采用综合提取与加工新工艺，根据洞庭湖区肉羊的生理特点和营养需要，先后进行了羊用中草药添加剂的研究与探索，相继研制了一批在提高肉羊抗病力、增强抗应激能力、提高免疫力、促进生长和改善羊肉品质风味等方面有积极作用的专用中草药制剂和中草药舔砖，并在一些养羊大户中进行小规模预饲试验。饲喂结果表明，所筛选的中草药配方和试制的中草药舔砖具有补充营养、促进生长和免疫调节等多重功效，可显著促进断乳幼羊的生长，为后续洞庭湖区舍饲杜泊羊和湖羊多型中草药添加剂的进一步研制和生产提供了科学依据与可行性参考。以下就课题组近年来在肉羊中草药添加剂、中草药舔砖研制、加工和饲喂试验的情况进行介绍。

## 一、肉羊专用中草药添加剂单味药的筛选与加工

### （一）肉羊专用中草药添加剂单味药的筛选

通过查找药典及相关文献资料，在充分了解相关中草药的药性（如药材基源、性味、归经、性味功能、主治用法、附方制剂、药物禁忌等）的基础上，针对洞庭湖区各品种肉羊的生活习性与营养需求，对各中药材经济性、药效和适口性等进行多重比较和系统筛

选，共筛选和购买甘草、麦芽、山楂和茯苓等20多种中草药，为后续实验室进一步的分选、烘干、研磨和粉碎等加工处理，以及肉羊促生长中草药的筛选、组方和中草药舔砖的制作提供前期准备和试验材料。所筛选的具有潜在研制各类型中草药添加剂和中草药舔砖的中草药20余种，相关中草药名称与药性详见表2-1。

**表2-1 相关中草药名称与药性**

| 药材名称 | 性味 | 归经 | 功效主治 |
| --- | --- | --- | --- |
| 何首乌 | 苦、涩，微温 | 肝、肾 | 心悸、便秘 |
| 甘草 | 甘，平 | 脾、胃、肺 | 泻火解毒 |
| 金银花 | 甘、辛，微寒 | 肺、胃、大肠 | 散热、解毒 |
| 薄荷 | 辛，凉 | 肝、肺 | 疏散风热、疏肝行气 |
| 蒲公英 | 甘，寒 | 脾、胃、肾 | 胃、肝等炎症 |
| 大蒜 | 辛，温 | 脾、胃、肺 | 解毒、消肿、驱虫 |
| 连翘 | 苦，微寒 | 心、肺、小肠 | 清热解毒、消肿 |
| 五味子 | 酸，温 | 肺、心、肾 | 益气生津、补肾安心 |
| 当归 | 甘、辛，温 | 肝、心、脾 | 补血、润肠、止痛 |
| 山药 | 甘，平 | 脾、肺、肾 | 生津益肺、补脾养胃 |
| 马齿苋 | 酸，寒 | 大肠、肝 | 清热解毒、止血消炎 |
| 三七 | 甘，温 | 肝、胃、心、肺 | 止血、定痛 |
| 芦荟 | 苦，寒 | 肝、心、脾 | 泻下、清肝、杀虫 |
| 灵芝 | 甘，平 | 心、肝、脾、胃、肾 | 虚劳、消化不良、气喘 |
| 地黄 | 甘，温 | 心、脾 | 补血滋润、填髓 |
| 附子 | 辛、甘，热 | 心、肾、脾 | 回阳、散寒止痛 |
| 麦芽 | 甘，平 | 脾、胃、肝 | 消食、健脾开胃 |
| 木香 | 辛、苦，温 | 脾、大肠、三焦 | 行气止痛、调中导滞 |
| 陈皮 | 辛、苦，温 | 脾、胃、肺 | 理气健脾、调中 |
| 茯苓 | 甘，平 | 心、肺、脾、肾 | 利水、利尿 |

（续）

| 药材名称 | 性味 | 归经 | 功效主治 |
|---|---|---|---|
| 白术 | 苦，温 | 脾、胃 | 健脾益气、燥湿利水 |
| 醋乌梅 | 酸，平 | 肝、脾、肺、大肠 | 敛肺止咳、止血、生津 |
| 大枣 | 甘，温 | 脾、胃 | 补中益气、止血安神 |
| 贯众 | 苦，微寒 | 肝、胃 | 杀虫、清热、解毒 |
| 山楂 | 酸，微温 | 脾、胃、肝 | 开胃消食、活血、消积 |
| 板蓝根 | 苦，寒 | 肝、胃 | 清热解毒、凉血、利咽 |

## （二）肉羊专用中草药添加剂中药的加工

将购买的中草药经过干燥、分拣、研磨和粉碎等加工处理后用保鲜袋装好，贴好标签，注明包装日期、产地和中药名后密封妥善保存。目前中草药作为添加剂方式主要通过粉碎后添加到饲料中，课题组所用的是 SF－8213 型高速粉碎机。目前国内较为流行的是中草药超微粉碎技术。中草药超微粉碎技术是一种将植物细胞破壁后粉碎成直径小于 10 μm 粉体的超微粉碎技术，是对传统粉碎技术的更新与发展，对传统中药炮制方法的一种改进，可使植物细胞内的有效成分充分释放，增加疗效。图 2－4 和图 2－5 是常用的两种中草药粉碎机，由于所筛选的中草药质地性质各不相同，因此其粉碎的难易程度也各有差异，部分中草药加工粉碎难易情况详见表 2－2。

图 2－4　SF－8213 型高速粉碎机

图 2－5　中草药超微粉碎机

**表 2-2　部分中草药加工难易程度情况**

| 中草药名 | 粉碎难易程度 | 是否干燥 | 备注 |
| --- | --- | --- | --- |
| 甘草 | 易 | 是 | |
| 大枣 | 难 | 是 | 黏性，不易粉碎 |
| 茯苓 | 中等 | 否 | |
| 麦芽 | 易 | 是 | |
| 白术 | 中等 | 是 | |
| 陈皮 | 易 | 否 | |
| 贯众 | 难 | 否 | |
| 醋乌梅 | 难 | 否 | 硬度大，不粉碎 |
| 山楂 | 难 | 是 | |
| 木香 | 中等 | 否 | |
| 党参 | 易 | 否 | 黏性，不易粉碎 |

肉羊中草药饲料添加剂用于饲喂、生产与加工，应具备经加工混入饲料后室温下稳定性好、加工处理容易、成本较低、适口性良好等特性。中药质量与中药的品种、产地、采收时间、方法、加工、贮藏等密切相关，中药含量直接影响到临床药效。由于复方中草药的成分与功效非常复杂，因此要科学设计配方，合理添加，配制少而精，配伍及剂量科学准确，在日粮中的添加比例宜控制在0.5%～2%。

## 二、断乳幼羊促生长中草药添加剂的研制与饲喂效果

为了研制适合环洞庭湖区各品种肉羊养殖的专用促生长中草药添加剂，课题组采用中草药单味药筛选、组方与饲喂观察等方法，选择日龄、体重、健康状况基本相似的肉羊 60 只，随机分为 10 组，6 只/组，先后分两个批次进行饲喂效果观察，对照组肉羊饲喂麦麸，试验组肉羊饲喂不同中草药配方与麦麸的混合物，在相同

条件下连续饲喂 30 d，投喂 2 次/d，每只每次 50 g，每 6 d 对饲料的适口性，幼羊的食量、饮水量、精神状况、毛色等指标进行观测并记录，对各组数据进行分析与比对。饲喂结果表明，以山楂、茯苓、党参、甘草、神曲、贯众、鸡内金、陈皮组方的配方 8 组在适口性，幼羊的食量、增重、毛色、精神方面均好于常规饲料饲喂的对照组以及其他配方组，月增重达到（5.60 ±0.07）kg，可作为肉羊中草药饲料添加剂的后续研发对象。

以促进肉羊健康养殖为目的，以传统中医药理论为依据，采用综合提取与加工新工艺，研发生产能显著提高经济效益和生态效益，替代部分抗生素药品使用的中草药制剂是洞庭湖区开展各品种肉羊健康养殖的重要内容。与传统抗生素及化学药物相比，中草药作为饲料添加剂具有无不良反应或不良反应低微、不易产生抗药性和耐药性、在动物产品中无残留或有害残留低微且对环境不易造成污染等优点，在提高肉羊抗病力、抗应激力，提高非特异性免疫力，促生长和改善羊肉品质等方面具有极其广阔的应用前景。肉羊从断乳到适应吃草的过渡期，可能会出现营养不良、体质变弱进而引发疾病的情况。针对洞庭湖区气候及肉羊的体质特点，研制断乳幼羊专用促生长中草药添加剂，既能补充幼羊营养，又能调理和增强幼羊体质，使之更好地适应之后的食草生活。洞庭湖区蒲公英、车前草、益母草、青蒿等草药型牧草资源非常丰富，如果能就地取材，合理利用，必将对发掘我国中草药宝库，以及广大湖区肉羊养殖场（户）利用当地自然资源开展肉羊健康养殖产生积极的推动作用。

### （一）材料

**1. 试验动物** 日龄、体重及健康状况基本相近的断乳幼羊 60 只，平均每只体重 7.5～8.1 kg，湖南省常德市安乡县雄稻牧业有限公司提供。

**2. 主要药品与仪器** 山楂、枣粉、陈皮、党参、甘草、茯苓、白术、神曲、麦芽、鸡内金、木香、乌梅等中草药，均购自湖南善德堂中药饮片有限公司；电热恒温鼓风干燥箱（DHG—9240A

型），购自上海右一仪器有限公司；高速粉碎机（SF—8213 型），购自上海船浜制药粉碎设备厂。

## （二）方法

**1. 中草药单味药的筛选与组方**　在查阅文献基础上，筛选具有促进生长、增强机体免疫力、健脾开胃、价格适中、易加工的中草药。在了解中草药配伍原则后，对筛选的不同种类中草药单味药进行组方，中草药单味药的筛选与预试验配方见表 2－3。组方后进行饲喂预试验，观测断乳幼羊在饲料适口性、增重等方面的各项指标，对效果较好的配方进行改进并调整配方中单味药种类及用药比例，再次设计配方，用于进一步的饲喂观察。

**表 2－3　中草药单味药的筛选与预试验配方**

| 配方 | 中草药及比例 |
| --- | --- |
| 1 | 麦芽 10%、山楂 25%、甘草 12%、贯众 12%、神曲 10%、枣粉 12%、茯苓 19% |
| 2 | 甘草 13%、山楂 13%、陈皮 20%、鸡内金 12%、党参 10%、贯众 17%、茯苓 15% |
| 3 | 山楂 20%、陈皮 18%、贯众 15%、木香 15%、甘草 10%、茯苓 10%、白术 12% |
| 4 | 山楂 20%、茯苓 20%、党参 10%、甘草 10%、神曲 14%、贯众 15%、鸡内金 11% |

**2. 中草药的加工**　将试验用中草药放入额定电压为 220 V，额定功率为 2 050 W 的电热鼓风干燥箱内（50 ℃），分盘干燥24 h；干燥后利用额定功率为 1.5 kW 的高速粉碎机对中草药进行粉碎，加工成粉末状，备用。

**3. 试验分组**　选择日龄、体重、健康状况接近的断乳幼羊 60 只，平均每只体重为 7.5～8.0 kg，随机分为 10 组，每组 6 只，先后分两个批次进行饲喂效果观察，每批次 5 组。第 1 批次为预试验饲喂观察，第 2 批为调整后的中草药配方饲喂观察。

**4. 中草药的饲喂方法与效果观察** 将筛选的中草药烘干，加工粉碎，然后与麦麸、食盐等按不同比例混合组成中草药饲喂制剂，饲喂前用温水搅拌成糊状。对照组幼羊饲喂麸皮（食盐占 3%，麦麸占 97%），配方组幼羊饲喂不同中草药组方加工粉碎后与麦麸的混合物，其中中草药占 7%，食盐占 3%，麦麸占 90%。在相同条件下连续饲喂 30 d，每天投喂 2 次，每只每次饲喂 50 g，供断乳幼羊自由舔食，饲喂时观察每组幼羊的采食量、食欲及适口性。每 6 d 对幼羊的适口性，食量、饮水量、精神状况、毛色等指标进行观察。饲喂试验结束后，对每只幼羊进行称重，记录试验数据，筛选最佳配方。

**5. 数据的统计与分析** 试验数据采用 SPSS11.5 软件中的 One - Way ANOVA 进行统计分析，以 $P<0.05$ 判定为具有统计学差异。在本试验中的月增重数据用“平均数±标准差”表示。

## （三）结果与分析

**1. 中草药预试验组方及饲喂效果** 根据中草药配伍原理，共筛选出山楂、党参、贯众等 12 味中草药用于试验，自拟 4 个配方，预实验饲喂结果见表 2 - 4。

**表 2 - 4 中草药配方预试验饲喂观察结果**

| 配方与分组 | 适口性 | 食量 | 粪便 | 毛色 | 精神状况 | 平均月增重（kg） |
|---|---|---|---|---|---|---|
| 1 | + | + | 较干 | 较亮 | ++ | 3.7±0.10 |
| 2 | ++ | +++ | 较少 | 光泽 | ++ | 4.2±0.05 |
| 3 | + | ++ | 正常 | 较光泽 | ++ | 3.7±0.15 |
| 4 | +++ | +++ | 松软，较多 | 光泽亮 | +++ | 5.3±0.05* |
| 对照 | ++ | ++ | 正常 | 少光泽 | ++ | 3.5±0.10 |

注：“+”表示饲喂效果最差，“++”表示饲喂效果一般，“+++”表示饲喂效果好；与对照组比较，数据肩标 * 表示差异显著（$P<0.05$），无肩标表示差异不显著（$P>0.05$）。

从表 2-4 可见，对照组与各配方组相比可明显发现各配方组断乳幼羊在毛色、精神状况上比对照组幼羊好。配方 4 组的幼羊在饲料的适口性、增重指标、精神状况等各个方面都优于其余 3 个配方组；配方 1 组和配方 3 组幼羊的适口性较差；配方 2 组和配方 4 组幼羊的适口性和食量较好，配方 4 组是预试验取得最佳饲喂效果的配方。

**2. 调整后的中草药配方及饲喂效果观察**　预试验饲喂观察结果表明，配方 4 组幼羊的饲喂与增重效果最佳，试验在预试验第 4 组配方的基础上进行调整。按照预试验分组及饲喂标准，再次进行饲喂试验，调整后中草药配方与饲喂观察结果见表 2-5、表 2-6。

**表 2-5　调整后的中草药配方及比例**

| 配方与分组 | 中草药及比例 |
| --- | --- |
| 5 | 山楂 15%、茯苓 15%、党参 15%、甘草 10%、神曲 10%、贯众 15%、鸡内金 10%、陈皮 10% |
| 6 | 山楂 15%、茯苓 13%、党参 17%、甘草 10%、神曲 10%、贯众 20%、鸡内金 10%、枣粉 5% |
| 7 | 山楂 25%、茯苓 15%、党参 20%、甘草 5%、神曲 15%、贯众 10%、鸡内金 5%、麦芽 5% |
| 8 | 山楂 15%、茯苓 15%、党参 15%、甘草 5%、神曲 20%、贯众 10%、鸡内金 15%、陈皮 5% |

**表 2-6　调整后的中草药组方饲喂观察结果**

| 配方与分组 | 适口性 | 食量 | 饮水量 | 毛色 | 精神状况 | 粪便 | 平均月增重（kg） |
| --- | --- | --- | --- | --- | --- | --- | --- |
| 5 | ++ | ++ | +++ | 较光泽 | ++ | 正常 | 3.8±0.22 |
| 6 | ++ | ++ | ++ | 光泽 | +++ | 正常 | 4.5±0.25 |
| 7 | ++ | ++ | ++ | 较光泽 | +++ | 正常 | 4.7±0.15 |
| 8 | +++ | +++ | +++ | 光泽 | +++ | 较松软 | 5.6±0.07* |
| 对照 | ++ | ++ | ++ | 少光泽 | ++ | 正常 | 3.7±0.18 |

注：“++”表示饲喂效果一般，“+++”表示饲喂效果好；与对照组比较，数据肩标 * 表示差异显著（$P<0.05$），无肩标表示差异不显著（$P>0.05$）。

从表2-6可见，配方7组、8组的断乳幼羊在毛色、增重指标上要好于对照组幼羊；配方5组、6组、7组幼羊的适口性较差，食量较少；配方8组的幼羊在适口性、食量、饮水量、增重指标、精神状况、粪便、毛色等各个方面都明显优于其余3个配方组，增重效果最佳。

近年来，中草药在猪、牛、禽养殖业中的研究与应用较为广泛，研究多集中在中草药抗病、促生长及抗应激等方面，而其作用机制尚不完全清楚。目前国内利用中草药治疗肉羊常见疾病的应用和报道越来越多，中草药日益受到国内外学者的广泛关注。了解中草药配伍原则后，课题组对筛选的不同种类中草药单味药进行配伍组方，先后分两个批次进行饲喂增重效果观测，每批次5组。在预试验中的配方4组幼羊较对照组增重效果较为明显，而其他配方适口性较差，分析原因可能与断乳幼羊对气味敏感度高有关。木香较浓的气味，以及陈皮和山楂带有的酸味可能是影响幼羊适口性的主要因素。以预试验结果为依据，对饲喂和增重效果明显的配方4进行单味药种类及用药比例调整，重新设计配方，用于进一步的饲喂增重效果观察。从总体上看，相比对照组，所有配方组的断乳幼羊饲喂效果较好，体重均有所提高，生长状况良好，这与相关文献报道的畜禽中草药饲喂结果相似。试验针对洞庭湖区气候及断乳幼羊的体质特点，对断乳幼羊专用促生长中草药添加剂进行初步研究，侧重从适口性、食量、增重指标、精神状况、粪便、毛色等方面进行观测，血液等生理生化指标还有待于后续检测研究。通过中草药饲喂试验还发现，本中草药添加剂对断乳幼羊在增重和保健方面具有双重效果，尤其降低了幼羊常见疾病的发病率，如羊口疮、感冒等。在此基础上课题组已展开后续相关试验，并取得了一定进展。

## 三、肉羊中草药免疫增强剂的研制与饲喂效果

中草药免疫增强剂是指以中草药为原料制成的饲料添加剂，中

药既是药物又是天然产物，含有多种有效成分，可作为独立的一类饲料添加剂使用。针对洞庭湖区肉羊的体质特点，对能显著提高洞庭湖区肉羊抗病性和其他生产性能的中草药免疫增强剂进行研制，为湖区杜泊羊和湖羊生态健康养殖提供可行性依据。在查阅文献和咨询资深老中医的基础上，按照中草药配伍原理，对中草药进行筛选、加工与组方，分组饲喂观察饲喂效果并对数据进行统计分析，对饲喂不同配方的中草药免疫增强剂时肉羊的适口性、精神状况等指标进行观测，初步确定适合的中草药配方并筛选出最佳配方，并进行重复试验。试验共筛选了 20 味中草药，设计了 10 种中草药配方，饲喂新配方 5 后，肉羊在免疫力，精神，增重等方面都比其他试验组的效果好，为中草药免疫增强剂的进一步研发与改进提供可操作依据。

### （一）材料

试验所用山楂、枣粉、陈皮、甘草、茯苓、白术、党参、贯众、神曲、麦芽、山楂、鸡内金、木香、醋乌梅、红枣、黄芪、菊花、板蓝根、五味子，苍术、当归等中草药从湖南善德堂中药饮片有限公司购买。麸皮、食盐以及 60 只试验用羊由安乡县雄韬牧业有限公司提供。

### （二）方法

**1. 中草药种类的确定和筛选**　在查阅相关的文献资料和咨询资深中医的基础上，对在增强免疫力、抑菌、驱虫等方面有促进作用的中草药进行筛选，对中草药成分、药性与功效进行分类分析，初步拟定用枣粉和山楂等 20 种中草药进行组方。

**2. 中草药免疫增强剂配方的拟定与调制**　将试验用中草药烘干粉碎，根据增强免疫力、清热解毒、驱虫、生肌消肿、活血解瘀等不同功能，确定每种配方的中草药组成与配制比例，每种配方以麸皮为主要基料，枣粉、食盐和其他中草药为辅料，麸皮、枣粉、食盐的占比分别为 90%、3%和 2%，组方后进行饲喂预试验，对效果较好的配方进行完善改进，再次设计配方，用于进一步的饲喂观察。

**3. 分组饲喂与结果观察** 选择日龄、体重、体质相似的肉羊60只，每批分为6组，每组5只。为控制羊的舔食量，节约成本，试验组将中草药在饲料中的比例控制在5%，对照组采用日常饲料，不添加中草药成分。先后分两个批次进行饲喂效果观察，每批5组，饲喂期为30 d。第1批次为预试验饲喂观察，第2批为调整后的中草药配方饲喂观察。观测指标分别为适口性、食量、饮水量、精神、粪便、毛色，以及粪便中寄生虫卵等，并对数据进行统计分析。

## （三）结果

**1. 中草药筛选与初步组方饲喂效果** 在查阅文献资料初步选定相关中草药的基础上，咨询老中医，初步拟定第1批肉羊中草药免疫增强剂5种配方，每种配方5味中药，详见表2-7与表2-8。

**表2-7 中草药的药效分析结果**

| 功效 | 中草药 |
| --- | --- |
| 增强免疫力 | 山楂、枣粉、陈皮、黄芪、党参 |
| 清热解毒 | 板蓝根、山楂、陈皮、甘草、茯苓、白术、菊花 |
| 驱虫 | 贯众、醋乌梅、山楂、白术、苍术 |
| 化痰止咳，生肌消肿 | 陈皮、麦芽、山楂、鸡内金、木香、红枣、甘草 |
| 活血解瘀，利尿脱毒 | 当归、红枣、山楂、五味子、黄芪 |

**表2-8 初次肉羊免疫增强剂中草药组方**

| 配方 | 中草药及比例 |
| --- | --- |
| 1 | 贯众19%、党参21%、茯苓20%、木香19%、枣粉21% |
| 2 | 山楂22%、白术17%、黄芪20%、菊花21%、甘草20% |
| 3 | 山楂25%、五味子18%、苍术20%、当归16%、红枣21% |
| 4 | 鸡内金16%、陈皮25%、木香20%、贯众19%、板蓝根20% |
| 5 | 枣粉22%、醋乌梅21%、党参19%、白术20%、黄芪18% |

初次中草药免疫增强剂组方与饲喂观测结果表明，与对照组饲喂效果相比，5个配方试验组的患病概率明显降低，即抗病性增强，粪便中的虫卵数量有所减少，肉羊在精神状况、毛色、食量等方面状况良好，尤以配方5试验组饲喂效果最佳，可在此配方基础进一步优化改良用于后续的饲喂效果观测。初次组方后的肉羊饲喂效果详见表2-9。

**表2-9 初次组方后饲喂效果观察结果**

| 配方 | 适口性 | 食量 | 饮水量 | 毛色 | 精神状况 | 粪便 |
|---|---|---|---|---|---|---|
| 1 | ++ | ++ | +++ | 光泽 | ++ | ++ |
| 2 | +++ | ++ | ++ | 光泽 | +++ | ++ |
| 3 | ++ | ++ | ++ | 光泽亮 | ++ | ++ |
| 4 | +++ | ++ | ++ | 光泽 | ++ | +++ |
| 5 | +++ | ++ | +++ | 光泽亮 | ++ | +++ |
| 对照 | ++ | ++ | ++ | 光泽 | ++ | ++ |

注："+"表示饲喂效果一般，"++"表示饲喂效果较好，"+++"表示饲喂效果很好。

**2. 羊用中草药免疫增强剂改进配方与饲喂效果** 在初次组方与饲喂试验结果的基础上，对羊用中草药免疫增强剂配方进行改进与饲喂效果观察，改进后的配方与饲喂结果详见表2-10与表2-11。

**表2-10 改进后的羊用免疫增强剂中草药配方**

| 改进配方 | 中草药及比例 |
|---|---|
| 1 | 麦芽13%、贯众11%、山楂17%、当归12%、五味子10%、枣粉21%、板蓝根16% |
| 2 | 木香10%、苍术17%、甘草11%、茯苓14%、红枣10%、陈皮21%、麦芽17% |
| 3 | 山楂12%、白术20%、醋乌梅12%、陈皮17%、党参14%、五味子10%、麦芽15% |

（续）

| 改进配方 | 中草药及比例 |
|---|---|
| 4 | 当归 13%、贯众 16%、苍术 11%、木香 14%、甘草 10%、枣粉 21%、鸡内金 15% |
| 5 | 黄芪 15%、菊花 11%、白术 13%、陈皮 19%、茯苓 10%、党参 12%、山楂 20% |

**表 2-11　改进中草药配方饲喂效果的观测结果**

| 配方 | 适口性 | 食量 | 饮水量 | 毛色 | 精神状况 | 粪便 |
|---|---|---|---|---|---|---|
| 1 | +++ | ++ | +++ | 光泽 | ++ | +++ |
| 2 | +++ | ++ | ++ | 光泽亮 | +++ | +++ |
| 3 | ++ | +++ | +++ | 光泽亮 | +++ | ++ |
| 4 | +++ | ++ | ++ | 光泽亮 | +++ | +++ |
| 5 | +++ | +++ | +++ | 光泽较亮 | +++ | +++ |
| 对照 | ++ | ++ | ++ | 光泽 | ++ | ++ |

注："+"表示饲喂效果一般，"++"表示饲喂效果较好，"+++"表示饲喂效果很好。

用改进后的 5 种中草药免疫增强剂配方进行饲喂效果观察发现，与对照组相比，改进配方后的 5 个试验组肉羊的健康状况均有所提高，粪便中的虫卵数量显著减少，其中新配方 5 试验组羊在适口性、食量、饮水量、精神状况等方面优于其他试验组。

试验首先根据中药药性和配伍禁忌分别将 20 余种不同的中草药进行组方，分别进行饲喂试验，在初次饲喂效果的基础上，重新设计了改良型的 5 种配方进行饲喂效果观察。相比对照组的饲喂效果，改进配方的试验组肉羊自身免疫力有所提高，抗病性增强，生长状况良好。试验中草药免疫增强剂中添加的枣粉、食盐的比例较少，导致适口性有所下降。同时，中草药的不同成分和中草药所占比例都会影响适口性和舔食效果。由于部分中草药气味较重，如白术和木香，可能对羊的适口性有较大影响，应尽量避免使用或降低此类中草药所占比例来提高适口性。试验得出新配方5为中草药免疫增强剂的最适合配方，能显著提高试验肉羊的免疫力和抗病力。本次试验着重对适口性、食量、饮水量、精神状况、粪便、毛色等方面进行了初步观测，有关增重、患病率及血液成分变化等指标的检测还有待后续进一步研究。

## 四、羊用中草药舔砖的试制与饲喂试验

舔砖是将所需的营养物质经科学的调配并通过一定的加工工艺制成块状供牛羊等草食动物舔食的一种复合添加剂，通常简称舔块或舔砖，俗称牛羊的“巧克力”，是草食家畜补充矿物质元素、非蛋白氮等养分的一种简单有效的方式（胡辉平等，2006；陈岩锋等，2008）。大量研究表明，补饲舔砖能明显改善牛羊健康状况，加快生长速度，提高经济效益，具有广阔的应用前景（张鸣实等，2002；李海利，2008）。舔砖生产技术在国外已相当成熟，尤其在畜牧业发达的欧美国家已成为放牧和舍饲牛羊必要的补饲措施，在美国、加拿大、澳大利亚等国的舔砖产品种类齐全，品系较多，已发展到适用于不同品种、用途、饲养模式牛羊的系列产品。我国牛羊舔砖的研究起步相对较晚，20世纪80年代末在北方部分地区才开始研制。近年来，国内学者进行了大量关于牛羊复合营养舔砖配方、加工工艺和饲养效果等方面的研究。孟庆翔等（2002）通过研究舔砖的原料配比、黏合剂种类、调质方法等因素对压制法生产舔砖质量的影响后发现，膨润土和生石灰是制备饲用舔砖的良好黏合剂和固化剂，添加糖蜜可有效提高舔砖的硬度。张力等认为舔砖加工压强在9.66～24.14 $kg/cm^2$ 对绵羊的舔食量影响差异无显著（张力等，2000）。张彬等（1998）饲喂山羊复合营养舔砖后发现其血液中多项生理生化指标明显改善，毛色光亮，增重显著提高。目前，制约我国牛羊舔砖大面积推广应用的主要因素是不能形成产业化生产水平，产品质量不过关、生产效率低、生产成本较高，舔砖的质量、色泽、计量标准以及包装等都存在一定的问题，尤其在舔

砖的加工工艺、适口性、成分配比、生产性能等方面还有待深入研究。舔砖含有多种微量元素及促生长剂等营养成分，可弥补天然牧草和秸秆饲料的营养不足，从而提高饲料转化率，因此，舔砖的开发利用具有广阔的前景。舔砖的硬度、加工工艺、保存条件直接影响到肉羊的饲用。目前，以舔砖作为反刍动物的食物源以改变其生长状况的方法已较普遍，但在舔砖中添加中草药成分来改善羊的健康状况，使舔砖既可作为食用又可作为药用的研究在国内还尚未提及。在舔砖中加入适量的中草药，在理论上可以对羊的流行性疾病和常发性疾病起到预防和治疗的作用，改善羊的健康状况，进而加快生长速度，增重增产。

近年来，课题组在前期肉羊中草药免疫增强剂的研制与饲喂试验和幼羊促生长中草药添加剂的研制与饲喂试验工作的基础上，开展了不同物料大小及配方、物理压制工艺等因素对羊用中草药舔砖硬度影响，中草药舔砖的防潮防霉，以及饲喂效果等相关系列研究。课题组在物料颗粒大小及配方对中草药试验砖硬度测试基础上，以食盐、枣粉、膨润土、甘草、党参、麦芽等原料制作不同配方的中草药试验砖，先后进行小鼠和肉羊适口性观测，根据观测结果进一步优化中草药配方后，根据成本及加工难易度，以陈皮、山楂、麦芽、甘草、鸡内金、茯苓、贯众、木香等中药材进行组方，以膨润土、水泥、食盐和水为辅料，中药材与辅料比例为6∶4，每种配方分别压制1块舔砖用于饲喂效果观察。选择生长日龄相近的40只肉羊分为4组，每组10只，公母各半，1～3组为试验组，第4组为对照组，以常规饲料进行饲喂。在15 d内观测每组肉羊对试验舔砖的采食量、饮水量、毛色、精神状况及粪便硬度等指标后，确定最佳配方。结果表明，以物料颗粒直径为1 mm制作的试验砖硬度最高，以麦芽10%、红枣12%、山楂12%、茯苓19%、贯众10%、鸡内金12%、陈皮25%组成的配方3中草药试验型舔砖在肉羊毛色、精神状况、粪便硬度、日均采食饲料和饮水量等饲喂指标上优于对照组和其他试验组，在配方3的基础上研发羊用新型中草药舔砖具有科学性和可行性。以上研究结果为进一步完善舔砖配方，改进产品品质与工艺，以及提高饲用效果提供了科学依据和可行性参考。

### （一）材料

**1. 试验动物** 20只清洁级昆明小鼠（22～25 g）雌雄各半，购自湖南斯莱克景达实验动物有限公司（动物生产许可证号：SCXK湘2016-0002），常规方法饲养；选择生长性能、体重、体格大小相似的肉羊40只用于饲喂试验，由安乡县雄稻牧业有限公司提供。

**2. 主要药品与仪器** 枣粉、陈皮、山楂、麦芽、甘草、鸡内金、茯苓、贯众、木香等中草药，购自湖南善德堂中草饮片有限公司；玉米、水泥、膨润土、食盐等，由湖南文理学院生命与环境科学学院动物科学专业实验室提供；电热恒温鼓风干燥箱（DHG-9240A型），购自上海右一仪器有限公司；高速粉碎机（SF-8213型），购自上海船浜制药粉碎设备厂；试验用滤筛（直径为1 mm、1.5 mm、2 mm）、研钵、电子秤、锤子等由湖南文理学院生命与环境科学学院动物科学专业实验室提供。

### （二）方法

**1. 不同物粒大小及配方对中草药试验砖硬度的影响** 以玉米为试验材料，用研钵将玉米研磨粉碎后，分别用1 mm、1.5 mm、2 mm的滤筛过滤，分成不同颗粒大小基料后，分别装入大小相同的器皿中，添加适量自来水。每组基料分装3个器皿依次分别编号1～3，将9个器皿中的基料用锤子以相同压力敲打紧实后，烘箱烘干，采用肉眼观察法、挤压法和浸泡法进行硬度测试。确定硬度最佳的物粒大小后，在控制水泥添加比为5%的情况下，以最佳物粒大小的枣粉替代中草药，分别添加不同比例的食盐与膨润土，将其制成试验砖，每种比例制作3块，制作容器、大小、方法和硬度测试方法相同，在保证试验砖硬度的基础上记录上述原料添加的最佳配比。

**2. 中草药试验砖的适口性研究** 依据中草药配伍原理，以食盐、枣粉、膨润土、甘草、党参、麦芽等原料制作不同配方中草药试验砖，在小鼠试验砖适口性测试基础上进行肉羊适口性测试。将体重相同的小鼠分为5组，每组4只，1组为饲喂普通饲料的对照组，2～5组为饲喂不同配方试验砖的试验组。每日上午9时饲喂相同重量的常规饲料和试验砖并供应清洁饮水，连续饲喂7 d，每日定时记录小鼠食欲、饮水、排便、毛色、精神状况、日增重，以及有无中毒等情况。根据小鼠饲喂试验结果，筛选适口性好且无毒性的3种配方，以相同的制备工艺用于肉羊适口性测试。将生长日龄相近的30只肉羊分为3组，每组10只，公母各半，饲喂7 d后计算每组采食量判断其适口性，用于进一步中草药试验舔砖配方的优化与制备。

**3. 试验型中草药舔砖制备与饲喂观测** 根据前期试验结果、成本及加工难易度等因素，以促生长和提高机体免疫力为目的，将陈皮、山楂、麦芽、甘草、鸡内金、茯苓、贯众、木香等中药材进行组方，并以膨润土、水泥、食盐和水为辅料，中药材与辅料比例为6∶4，每种配方在当地舔砖厂分别压制一块舔砖用于饲喂效果观察。选择生长日龄相近的40只肉羊分为4组，每组10只，公母各半，1～3组为中草药试验砖的试验组，第4组为对照组，以常规饲料进行饲喂。在15 d内观测每组对试验舔砖的采食量、饮水、毛色、精神状况及粪便硬度等指标。

## （三）结果

**1. 不同物粒大小及配方对中草药舔砖硬度的影响结果** 采用浸泡法观察试验砖硬度后发现，硬度与物粒大小成反比，与膨润土添加比例成正比，颗粒直径为1 mm制作的试验砖硬度最高。在考虑水泥和膨润土添加比例对舔砖硬度影响前提下，随着添加食盐比例的加大，试验砖硬度随之下降，可能与盐具有潮解性有关。本试验以70%枣粉、20%膨润土、5%水泥、5%食盐的配方组制作的试验砖硬度最佳，具体参数详见表2-12。

表 2-12　各组模拟舔砖硬度参数

| 分组 | 配方成分比例 | 硬度参数 |
| --- | --- | --- |
| 1 | 0%水泥、10%食盐、80%枣粉、10%膨润土 | + |
| 2 | 0%水泥、10%食盐、70%枣粉、20%膨润土 | +++ |
| 3 | 0%水泥、0%食盐、100%枣粉、0%膨润土 | − |
| 4 | 5%水泥、5%食盐、80%枣粉、10%膨润土 | ++++ |
| 5 | 5%水泥、5%食盐、70%枣粉、20%膨润土 | +++++ |
| 6 | 5%水泥、5%食盐、90%枣粉、0%膨润土 | ++ |
| 7 | 5%水泥、10%食盐、65%枣粉、20%膨润土 | ++++ |

注：表中"+、++、+++、++++、+++++"依次表示硬度强度为"强度 1、强度 2、强度 3、强度 4、强度 5"依次递增；"−"表示舔砖硬度最小。

**2. 中草药试验砖的适口性测试结果**　根据前期试验结果和中草药的配伍原理，设计了表 2-13 中的 4 种配方用于小鼠适口性测试。与对照组相比，配方试验砖对小鼠适口性影响较大。配方 4 试验砖每日平均啃食量最高，适口性最好；其次为配方 3 和配方 1；配方 2 每日平均啃食量最少，排便、饮水较少，饲喂第 4 d 有 2 只死亡。肉羊适口性测试结果同小鼠，无任何毒副反应，详见表2-15。

表 2-13　用于中草药试验砖适口性测试的成分与配方

| 编号 | 配　方 |
| --- | --- |
| 1 | 食盐 5%、枣粉 65%、膨润土 5%、甘草 10%、党参 5%、麦芽 10% |
| 2 | 水泥 5%、食盐 10%、枣粉 60%、膨润土 5%、神曲 5%、茯苓 15% |
| 3 | 食盐 5%、枣粉 65%、膨润土 5%、陈皮 15%、鸡内金 10% |
| 4 | 麸皮 55%、枣粉 5%、陈皮 15%、山楂 10%、麦芽 10%、膨润土 5% |

**表 2-14　小鼠试验砖适口性与饲喂效果观测结果**

| 分组 | 精神状况 | 排便 | 饮水 | 毛色 | 适口性 | 平均啃食量（g/d） | 平均日增重（g） | 备注 |
|---|---|---|---|---|---|---|---|---|
| 对照 | 正常 | 正常 | 正常 | 光泽 | — | — | 0.24 | |
| 1 | 正常 | 正常 | 正常 | 光泽 | ++ | 27 | 0.43 | |
| 2 | 委顿 | 较少 | 较少 | 无光泽 | + | — | — | 2只死亡 |
| 3 | 正常 | 正常 | 正常 | 光泽、发亮 | ++ | 28 | 0.43 | |
| 4 | 正常 | 正常 | 正常 | 光泽、发亮 | ++ | 45 | 0.47 | |

注：表中“+”表示饲喂适口性的程度，“+”数量越多表示适口性越好，“—”表示未进行观测无数据。

**表 2-15　肉羊中草药试验砖的适口性观测结果**

| 分组 | 公羊日均采食量（g） | 母羊日均采食量（g） | 适口性 | 精神/食欲/饮水/排便 |
|---|---|---|---|---|
| 1 | 41 | 33 | +++ | 正常 |
| 3 | 23 | 29 | ++ | 正常 |
| 4 | 45 | 44 | ++++ | 正常 |

注：表中“+”表示饲喂适口性的程度，“+”数量越多表示适口性越好。

**3. 试验型中草药舔砖制备及饲喂效果观测结果**　在前期试验结果基础上，优化设计了3种试验型中草药舔砖配方，经烘干粉碎后，以1 mm颗粒直径压制为成品，详见表2-16、图2-6和图2-7。肉羊饲喂结果表明，配方3舔砖日均采食量为46 g，与对照组相比，所有试验组肉羊毛色光泽，精神良好，粪便硬度适中，日均采食饲料和饮水量有所增加，尤以麦芽10%、红枣12%、山楂12%、茯苓19%、贯众10%、鸡内金12%、陈皮25%组成的中草药配方3舔砖各项饲喂指标优于对照组和其他试验组，详见表2-17。

**表 2-16　试验型中草药舔砖成分与配比**

| 配方 | 中草药成分及组方 | 水泥：食盐：枣粉：膨润土 |
|---|---|---|
| 1 | 山楂 13%、白术 17%、木香 20%、陈皮 12%、麦芽 13%、鸡内金 10%、甘草 15% | 0：3：32：5 |
| 2 | 麦芽 10%、鸡内金 14%、党参 15%、茯苓 10%、甘草 10%、木香 21%、红枣 20% | 5：3：27：5 |
| 3 | 麦芽 10%、红枣 12%、山楂 12%、茯苓 19%、贯众 10%、鸡内金 12%、陈皮 25% | 0：5：30：5 |

图 2-6　压制的中草药舔砖成品

图 2-7　用于饲喂试验的试验型中草药舔砖

**表 2-17　试验型中草药舔砖饲喂效果的观察结果**

| 配方 | 日均舔砖采食量（g） | 日均食量 | 日均饮水量 | 毛色 | 精神状况 | 粪便硬度 |
|---|---|---|---|---|---|---|
| 1 | 36 | +++ | +++ | 光泽 | +++ | ++ |
| 2 | 31 | ++ | +++ | 光泽 | +++ | ++ |
| 3 | 46 | +++ | +++ | 发亮 | +++ | ++ |
| 对照 | — | ++ | ++ | 正常 | ++ | +++ |

注：表中“+”表示饲喂效果的程度，“+”数量越多表示所对应的指标效果或程度越强，“—”表示未进行观测无数据。

大量研究表明，中草药在提高肉羊生长性能、抗病力和改善肉质等方面具有独特优势，在常规舔砖中加入适量比例的中草药可促进肉羊生长和改善健康状况，对于研发与丰富牛羊等反刍动物舔砖系列产品具有重要意义。目前国内对牛羊中草药舔砖的研究还未见相关报道，课题组创新性地试制了中草药舔砖并取得了较好的饲喂效果，证明研发羊用新型中草药舔砖具有科学性和可行性。试验中发现，舔砖硬度与水泥和膨润土的添加比例成正比。考虑到水泥具有一定的腐蚀性，在实际生产中，为保证肉羊等草食家畜的健康与正常采食，中草药舔砖中水泥占比控制在5%以内、膨润土占比控制在20%以内为宜。由于舔砖中添加了水泥、膨润土等成分，小鼠和肉羊的适口性均有所降低。同时，中草药的不同成分和不同配比也会显著影响肉羊的适口性。如何制作硬度适当的不同功效品系中草药实用化舔砖值得今后进一步深入研究。试验以枣粉作为中草药舔砖制备的主要基料，除具有成本较低、来源广泛的优点外，还含有丰富的营养，如蛋白质、脂肪、糖类、纤维素、多种氨基酸及钙、磷、铁、钾、钠、镁、氯、碘等元素，能够促进机体生长发育与免疫力的增强。考虑到中草药舔砖在存放过程中容易吸收空气中的水分受潮和中草药自身的气味容易生虫霉变的因素，为了增加肉羊舔食时间和有效延长舔砖存放时间，课题组还进行了中草药舔砖的防潮防霉试验。结果表明，在中草药舔砖中加入适量的陈皮、甘草、水泥等原料，可取得较好的防潮防霉效果，以上研究结果为后续新型肉羊实用化中草药舔砖的研制与生产提供了科学依据和可行性参考。

# 第三章 杜泊羊与湖羊规模化舍饲养殖羊舍建设

羊舍是羊只生产生活的主要环境和重要场所，羊舍建设的面积、布局、建材、配套设施等在一定程度上成为影响舍饲养羊成败的关键，其设计与建设已成为影响区域规模化、集约化肉羊养殖的主要因素，对于全舍饲条件下饲养管理尤为重要。目前南方以养殖山羊为主，杜泊羊和湖羊作为非本地的绵羊品种，羊舍的建设必须根据南方地区的气候特点来确定和建设，并符合绵羊的生理要求和行为习性，有利于羊体健康、积肥、环境保护。与北方相比，我国南方洞庭湖区全年雨水充沛，空气相对湿度常年维持在65%以上。夏季闷热多雨，冬季阴冷潮湿，气候非常不利于杜泊羊和湖羊的健康和生长。羊舍是杜泊羊和湖羊健康养殖必备的硬件设施，羊舍建设应结合洞庭湖区地形与气候特点，充分利用当地现有资源，遵循肉羊生活习性以及科学合理、经济实用、清洁环保和管理方便的设计原则，最大限度地降低高温高湿气候对杜泊羊和湖羊生长、发育和繁殖带来的负面影响，建立具有自身地域特色的杜泊羊和湖羊羊舍建设新模式。随着采用放牧和舍饲两种方式对杜泊羊与湖羊在洞庭湖区适应性养殖的成功，笔者与养殖公司共同对杜泊羊与湖羊羊舍进行科学规划，目前已建成首批次4 000 $m^2$ 全舍饲规模化饲养场地，运营效果良好。现就羊舍选址、羊舍建设原则与布局、羊舍类型、结构布局、内部设计等方面进行介绍，以解决当前及今后洞庭湖区杜泊羊与湖羊实施规模化健康养殖羊舍建设中可能存在的问题。

## 第一节 杜泊羊和湖羊羊舍建设技术要点

### 一、羊舍选址

近年来，杜泊羊和湖羊作为优良的肉用绵羊品种被广泛地应用到肉羊生产中。在舍饲条件下，杜泊绵羊和湖羊具有性格较为温顺、喜干燥、爱清洁、厌潮湿，生性胆小、畏光、喜安静、怕惊吓等特点。因此，羊舍的建设场地在符合国家土地利用总体规划的同时，应根据杜泊羊和湖羊行为习性特点进行建设。场区和圈舍地址应选在地势较高、排水良好、土壤坚实、光照充足、通风良好，处于水源下游处进行规划和建设，场址周围 3 000 m 内近 5 年未发生过疫病，距居民生活区至少 500 m，距公路、铁路等交通要道 1 000 m 以上，这样既不受外界影响又能保证与外界生产资料的交流。平原地带特别要注意洞庭湖区汛期防洪。山区修建羊舍时，要注意选择背风向阳并远离居民点、交通要道及其他畜禽场的地方。总之，圈舍选址原则要有利于羊体健康，并且方便日常管理和处理、转运积肥与粪尿工作。圈舍周边应具有丰富饲草、耕地和劳动力资源，以保证草料供应，减少运费，降低成本。圈舍应保证交通、电力、通信便利，水源富足，水质达标。切勿将羊舍建在洼地、山顶和风口，以免难于防汛、排水、排污、防寒。

## 二、羊舍建设原则与布局

洞庭湖区杜泊羊和湖羊的羊场规划设计应遵循科学合理、经济适用、清洁环保和管理方便的四项基本原则。在考虑投资者技术管理能力、经济实力、饲料资源、耕地流转费用、用工价格、市场需求，以及羊舍通风、防潮与保温等因素的同时，还应做到因地制宜。本着节约土地、能耗、建设费用和劳动力，适应集约化、标准化、规范化生产工艺要求的原则，科学合理地规划与建设羊舍。根据养殖规模和经济能力，利用有利地形，选择合适的建筑类型，对肉羊粪便进行无害化与资源化利用，发展杜泊绵羊和湖羊生态型健康养殖，使养殖利润最大化，环境影响最小化。湖区羊场布局要科学合理，羊场址的选择应充分利用地形、地貌特点，选择地势较高，避风向阳，排水通畅，土质、水质良好，无污染，水源充足，靠近放牧草场，交通运输方便的非疫区。羊舍的整体设计还应充分考虑羊场的可持续发展，与主要交通干线的距离不少于 500 m。按轻重缓急原则，在统一规划的基础上，有计划地分批分期建设养殖场区和配套设施。所建圈舍应符合羊只的生物学特性、生理要求和行为习性，满足不同季节羊只对温度、湿度、采光和通风换气的基本要求，有利于羊的生长、繁殖、防病。夏季防止持续高温高湿，冬季防止贼风冷风和阴雨天潮湿气候，场内排污不能污染场外环境，尤其是粪污不能污染当地居民生活水源和地下水，设计建设沼气池对肉羊粪便、污水进行集中发酵、处理及利用。养殖场区应避免空气污浊与地面潮湿，舍内布局应便于喂料、防疫、观察、清粪、消毒。确保在整个养殖周期内羊舍冬暖夏凉、空气清洁干燥和日常生产管理方便。

规模化羊场场内圈舍应统一规划，合理布局，配套齐全。通常场区应按照管理区、辅助生产区、生产区和隔离区来划分。生活管理区应位于场区的上风处，隔离区应位于场区的下风处或地势较低处。生活管理区一般包括办公区、资料室、化验室、食堂、值班室、消毒室等。辅助生产区主要包括供水、供电、维修、仓库等设施。仓库的卸料口应设计在辅助生产区内，仓库的取料口应开在生产区内。生产区主要包括羊舍、运动场、青贮池、草料加工间、贮藏房、粪污处理区、沼气池、药浴池、装运台等。生产区及每栋羊舍的入口处应设有消毒通道或消毒池，如养殖规模较大，圈舍栋数较多，每栋间距应以 15 m 以上为佳，舍外场地应全部进行水泥硬化，场区空旷地带最好能种植无毒无害的绿色植物。有条件的地方，羊舍向阳侧或羊舍两侧可修建排水良好、地面平坦的运动场，方便羊只活动休息。选择地势较高处建设青贮池，防止粪尿等污水渗入污染，并且还需考虑出料时运输方便，以减少饲养人员劳动强度。粪污处理设施可根据养殖规模配套建设，一般配备有沼气池和堆积发酵池等。隔离区主要是兽医治疗室、隔离舍、解剖室等，应设在羊舍下风向相对偏僻的一角，便于隔离、消毒和防疫，以减少空气和水的污染传播，隔离区和生产区之间最好有绿化带进行分隔。

## 三、羊舍类型

洞庭湖区羊舍建造类型应依据地形、气候而定，按照建筑风格可分为敞开式、楼式和吊楼式羊舍；按照屋顶建设形式可分为单坡式和双坡式羊舍。洞庭湖区杜泊绵羊和湖羊养殖场（户）羊舍建筑类型比对见表 3-1。

**表 3-1　湖区杜泊绵羊和湖羊养殖场（户）羊舍建筑类型比对**

| 建筑类型 | 通风 | 采光 | 成本 | 防寒 | 防暑 | 舒适度 |
| --- | --- | --- | --- | --- | --- | --- |
| 敞开式 | 较差 | 较差 | 低 | 较好 | 一般 | 一般 |
| 楼式 | 良好 | 良好 | 高 | 较差 | 较好 | 良好 |
| 吊楼式 | 良好 | 良好 | 低 | 较差 | 较好 | 良好 |

### （一）敞开式羊舍

敞开式羊舍即三面有墙（墙上留有窗户），一面无墙，有屋顶，无墙的一面朝向运动场或由栅栏相隔。运动场或圈舍内应设置料槽架、饮水槽等上料和饮水设施。为了减少羊只患寄生虫病的风险，羊舍地面采用漏粪地面，即羊舍地面采用竹条、木条或钢条铺设，缝隙间距 1.8～2.0 cm。运动场地面要有一定坡度，最好铺设砖块或水泥硬化，有利于清洁和排水。南方夏季高温多雨，运动场应搭设雨棚或遮阳设施。羊只平时采食和活动时在舍外运动场内，休息时在舍内。运动场的面积应是羊舍面积的 2 倍以上，即保证每只羊至少 2 $m^2$ 以上的运动空间。敞开式羊舍的优点：舍饲饲养的羊只运动和光照时间充足，通风良好，利于观察羊只行为习性、生长发育、繁殖活动；适度运动能保证羊只体质健康，肉质紧实。敞开式羊舍的缺点：运动场内的羊粪要定期清理，料槽上料和饮水耗时长；羊舍运动场区建设需要面积较大，建筑和人工成本较高，单位面积羊只产出率较低。敞开式羊舍运动场及内部设计见图 3-1 和图 3-2。

图 3-1 敞开式羊舍外面的运动场

图 3-2 敞开式羊舍内部设计

## （二）楼式羊舍

楼式羊舍即羊舍漏粪地面距地面高 1.5～1.8 m 的圈舍。屋顶多采用双坡式，整栋羊舍建筑材料可选用砖、水泥、木板、木条、竹竿、竹片等。漏缝地板的材质和间距同敞开式羊舍。漏缝地板下的积粪面和排水沟应进行水泥硬化，并有一定倾斜度，有利于排水。楼式羊舍的优点：羊只采用楼式圈舍饲养通风良好，不易患呼吸道和肠道疾病，夏季高温季节有利于防暑降温；方便人工清理粪尿和对粪尿的进一步处理，单位面积羊舍内羊只产出率高。楼式羊舍的缺点：建筑成本较高，冬季御寒能力差，羊只活动范围小。楼式羊舍底部漏粪结构及外部入口设计见图 3-3 和图 3-4。

图 3-3 楼式羊舍底部漏粪结构

图 3-4 楼式羊舍外部入口设计

### （三）吊楼式羊舍

吊楼式羊舍即羊舍背依山坡，一端吊脚，吊脚高 2～3 m，羊舍内部设置与楼式羊舍相同。南方低矮山坡较多，可就地利用地势地形进行设计规划，一般选择 20°左右的缓坡、山坡进行修建。房顶宜采用单坡式，养殖规模较大时也可采用双坡式屋顶。吊楼式羊舍的优点：羊舍通风、防潮、采光良好，夏季较为凉爽，无粪尿污染；结构简单，修建羊舍时可考虑配套风干储草室（架），草料易风干，不易变质；羊粪从漏粪地板掉落后沿斜坡自然滚落，可大大降低工人清除粪尿的劳动强度。吊楼式羊舍的缺点：由于羊舍背依山坡，南方雨季时间较长，雨量较大，应考虑滑坡等地质灾害造成的羊舍损失。因此，建议在羊舍四周修建排水沟，保证排水通畅，防止雨水冲毁羊舍，同时应防止粪尿渗入地下，污染水源与周围环境。

由于洞庭湖区雨量充沛，各类型羊舍房顶均宜采用坡度稍大的双坡式（“人”字形），以利排水；对于养殖规模较小或有坡地利用的养殖户可采用单坡式羊舍，但羊舍内空气质量、光照条件、绵羊居住舒适程度及防寒防暑的效果均不如双坡式羊舍。实践证明，双坡式羊舍具有较佳的排水性和适用性。洞庭湖区杜泊绵羊和湖羊规模化养殖场（户）双坡式羊舍建设参数参见表 3-2。

**表 3-2 湖区杜泊绵羊和湖羊双坡式羊舍建设参数**

| 建筑类型 | 舍长（m） | 舍宽（m） | 舍高（m） | 舍间距（m） | 门高（m） | 门宽（m） | 窗长（m） | 窗宽（m） | 窗间距（m） | 屋顶坡度（°） |
|---|---|---|---|---|---|---|---|---|---|---|
| 双坡式 | 20～25 | 10～15 | 3～3.5 | 20 | 1.8～2.0 | 1.5 | 2.0 | 1.5 | 0.5～0.8 | 120 |

## 四、羊舍建材

杜泊羊和湖羊羊舍建造时不仅需考虑当地气候与地形因素，还要合理选择和利用当地现有资源和建筑材料，遵循因地制宜、就地取材、经济耐用、科学合理的原则。建议选择当地较为廉价材料建造，常用建材有石块、木条、竹子、土坯、砖瓦、水泥、钢材等，常采用砖混结构或土木结构。应根据自身的经济条件和经营规模分期建设羊舍及各种基本设施，逐渐扩大养殖规模，力争做到羊舍冬暖夏凉，坚固耐用，清洁卫生，便于管理。

### 五、杜泊羊和湖羊羊舍建设注意事项

南方杜泊羊和湖羊羊舍建设时应注意以下几点：①应考虑南方季节和气候特点，宜采用楼式或吊楼式羊舍，以减少羊舍内有害气体浓度，有利于羊只健康和降低羊群发病率。做到三防，即防雨、防潮、防暑，尽量考虑通风透气的问题，尽可能增大通风量及采光面积，避免羊舍内羊只过度拥挤。②应利用当地现有资源和建筑材料，根据自身的经济条件和经营规模，选择适合的建筑类型。③坚持应用漏粪地板，参考羊舍建设原则进行建设和合理布局，将盛放羊粪尿的地面进行水泥硬化，防止粪尿渗入地下，污染水源。应建立肉羊粪尿发酵和处理场地，便于粪肥的处理、加工与运输。④应利于消毒防疫。近年来，肉羊养殖业先后暴发了羊口疮、小反刍兽疫、传染性胸膜肺炎等疫病，在羊舍建设时，需考虑防疫需要，建设患病肉羊隔离区和病死羊掩埋区等，羊舍建材需选择耐腐蚀、易清洗消毒的材料。⑤要考虑羊场今后发展规划和粪尿排放达标。

## 第二节　羊舍内部结构设计

羊舍的内部结构设计是杜泊羊和湖羊健康养殖的关键，好的内部设计能最大限度地降低高温高湿气候对杜泊羊和湖羊生长发育和繁殖带来的负面影响，同时也是建立具有地域特色的杜泊羊和湖羊羊舍模式的具体体现。羊舍的内部结构设计主要涉及棚顶与墙壁、各类型羊只所需要面积、漏缝地板、羊舍出入口、饲槽与饮水槽、羊舍通道、产房、隔离设施等方面，洞庭湖区杜泊羊和湖羊具体的

内部结构设计如下：

## 一、棚顶与墙壁设计

在保证最大通风量及采光面积的情况下，尽可能选用隔热保温性能好的材料，也可选用经济实惠、结实耐用的石棉瓦作为搭建材料。根据自身的经济条件和养殖规模，采用单坡式或双坡式，房顶距离地面垂直距离应超过 2.5 m。羊舍宽度为 7～10 m，长度可依据饲养规模而定。墙壁应根据羊舍地面与屋顶高度进行建设，建材也应参考羊舍类型进行选用，一般选用砖木结构。根据墙壁面积设计窗户大小与数量，一般窗户高 0.6～0.8 m，宽 1～1.5 m，窗间距以不超过 1 m 为宜；每 100 $m^2$ 羊舍面积应设 6～8 个窗户。窗户设计应利于空气对流和舍内有害气体的排出，窗户底部离地面的高度约为 0.5 m，高度过高不利于通风及羊只散热。

## 二、各类型羊只所需面积

应根据养殖规模、性别、生产方向、生理状况等因素综合考虑。对于中等规模养殖场，按照公母分圈、大小分管、强弱分养的原则，相应建有种公羊、种母羊、哺乳母羊、断乳羔羊、肥育羊栏舍。对于患传染病的羊或不明原因的病羊，还应建立病羊隔离防护羊舍，以免造成疫病的蔓延。羊舍的面积应根据羊的性别、大小及所处不同生理时期和养殖数量而定。圈舍过小，空气潮湿混浊，会损害羊只健康；羊舍过大，易造成浪费。洞庭湖区杜泊羊和湖羊养殖场（户）羊舍建筑主要技术参数大体如下：

**表 3-3　不同类型杜泊羊与湖羊占用面积参数（$m^2$）**

| 肉羊类型 | 占用面积 |
| --- | --- |
| 种公羊 | 1.5～3.5 |
| 种母羊和哺乳母羊 | 1.5～2.0 |

（续）

| 肉羊类型 | 占用面积 |
| --- | --- |
| 断乳羔羊 | 0.3～0.5 |
| 肥育羊 | 0.6～0.8 |
| 隔离病羊 | 2.0～3.0 |

## 三、漏缝地板设计

宜采用尺寸一致（宽 3～4 cm、厚 3.5～4 cm、长 2 m）的木条，间距 1.8～2.0 cm（漏缝），将木条钉在高床羊舍的木架上。或将 25～30 组木条按尺寸组装成漏缝地板床面，再逐一镶契在高床木架上，这样可以形成活动式木架床面，便于随时粪便清理及高床更换与维修。木条和漏缝的宽度应相对一致，不能太窄或太宽，以免羊粪堆积不能漏下或羊蹄被漏缝夹住致伤。

## 四、羊舍出入口设计

采用楼式的高床羊舍一般距离地面 1～2 m，为了减轻饲养人员驱赶和抱羊的工作强度以及降低羊群上下羊床时受伤的概率，应根据具体情况在每个圈舍门前搭建一个木质或水泥斜坡，使羊群能够顺利进出高床，外部入口设计见图 3－4。对于采用敞开式和吊楼式的羊舍在出入口设计时，应考虑是否方便进料车出入、清粪等操作，尽可能地加宽出入口，一般以不少于 2 m 为宜。

## 五、饲槽与饮水槽设计

利用饲槽和饮水槽喂羊既节约又卫生，是舍饲养羊必备设施。一般固定在羊舍或运动场上，可以用砖、石头、水泥等砌成长条状圆底式通槽，便于清洗和消毒。也可用不锈钢、铁皮、木头做成移动式饲槽，上口宽 0.4 m，底宽 0.3 m，高 0.35 m。饲槽长度大小应根据饲养规模和羊只大小进行合理配置调整。长方形饲槽主要用于饲喂青贮料、碎草和精饲料等，一般安装在羊栏舍之外，便于羊头伸入取食。饮水槽高度以羊方便饮水为宜，为了方便清洗，底部一侧应留有排水口。现代规模化羊场可安装自动饮水器供给清洁饮水，安装高度与羊肩齐平。

### 六、羊舍通道设计

在饲槽前设置饲料通道，饲料通道一般宽 1.5～2.5 m，通道应进行水泥硬化，以便于清扫与防疫。

### 七、产房设计

产房的面积应根据母羊数量来决定，产房护栏最好设计为可拆卸的活动式，这样可以根据养殖规模适时增加和减少产羔舍的面积。羊栏高度 1.2～1.5 m，面积一般以 1.5～2.0 $m^2$ 为宜。羔羊舍的占地面积按基础母羊占地面积的 20%～25%计算。

### 八、防疫隔离设施

羊舍入口处应设有消毒池，羊场生产区应配备消毒设施及防疫隔离区，隔离区面积一般为 20 $m^2$，用于疫苗注射及病羊隔离消毒。

## 第三节　杜泊羊与湖羊规模化羊舍建设存在问题及对策

羊场建设是决定饲养成败及养殖规模的关键要素，但目前建设中还存在较多问题：羊场整体设计、布局不合理，配套设施不健全，羊舍建设场地没有合理利用，不能满足卫生防疫条件要求，没有充分考虑羊场今后的可持续发展；羊床及羊舍建设高度偏低，不利于人工操作及粪尿的清除；羊场内没有相关羊粪尿处理设施，环境卫生差；羊舍简陋，建设类型多样，没有合理选择和利用当地现有资源和建筑材料，防暑保温性能差，羊舍内空气污浊，内部设计不合理等，这些问题严重制约洞庭湖区肉羊养殖向规模化、产业化发展。

针对上述突出问题，羊场建设应符合国家用地政策和环保要求，加强标准化羊场的建设和管理，以提高生产效率和生产水平。所建圈舍要符合杜泊羊和湖羊的生物学特性、生理要求和行为习性，满足不同季节羊只对温度、湿度、采光、通风换气及防疫的基本要求。在规划建设羊舍的同时，应全面考虑建设草料加工、青贮池、诊断剖检室、隔离场地与粪污处理区等相关配套设施，力争做到设计合理、功能齐全、经济实用、设施完备、方便管理、清洁环保。

# 第四章
# 杜泊羊与湖羊日常饲养与管理

近年来，杜泊羊和湖羊作为优良的肉羊品种被广泛地应用到肉羊生产中，实行洞庭湖区杜泊羊与湖羊全舍饲规模化养殖具有切实的科学性和可行性。本章主要从杜泊羊与湖羊公母羊繁殖的饲养管理、杜泊羊与湖羊羔羊的饲养管理、育成羊的饲养管理、杜泊羊与湖羊应激反应的处置对策、一种便携式羊用灌药保定架的研制与应用效果，以及提高湖区杜泊羊与湖羊繁殖力的技术措施等几个方面进行介绍，为发展洞庭湖区杜泊羊和湖羊特色生态健康养殖提供可行性参考。

## 第一节　杜泊羊与湖羊种羊的饲养管理

杜泊羊和湖羊目前在我国大部分地区都有饲养，湖南省大力实施科技扶贫肉羊养殖项目，助推乡村振兴。常德市深耕农牧有限公司自引进杜泊羊和湖羊品种养殖以来，在种羊的日常饲养与管理方面积累了一定经验。俗话说“母好好一窝，公好好一坡”，种公羊的饲养管理、优良性状的发挥和科学有效利用对羊群的繁殖力和生产力至关重要。公羊的性欲、生精机能及精液品质与环境温度、光照、营养、管理、遗传等因素密切相关。南方夏季高温高湿气候对种公羊的性机能有不良影响，气温 30 ℃以上时，种公羊射精量、精子密度显著下降，畸形精子所占比例升高。采用舍饲饲养的方式也容易导致种公羊运动量下降，性欲减退，精液质量和繁殖性能降低。加强优良种公羊品种的选择、保证营养的供给、维持中等以上膘情、强健体魄并保持充沛精力、提高精液品质、加强配种期种公羊的饲养管理、掌握配种技巧、防止近交、适时驱虫与防疫、分析种公羊精液品质差的原因与提高种公羊的利用率，对提高杜泊羊和湖羊母羊的产羔率和羔羊品质具有重要的意义。以下就杜泊羊和湖羊种公羊和繁殖母羊的日常饲养管理与利用做简要概述，以供广大养殖户参考借鉴。

## 一、杜泊羊和湖羊种公羊的饲养管理

### （一）种公羊的选择

优良的种公羊是羊群拥有较高繁殖力的基础（图 4－1，图 4－2）。种公羊宜挑选 2 岁以上，祖先和后代的生产性能较佳，体质结实匀称健壮，睾丸对称且大小适中，发育良好，性欲旺盛，精力充沛，配种能力强，膘情适中，符合本品种体貌特征的公羊。从外购入时应考虑有国家认证的正规、大型种羊场，以保证引种质量。有条件的羊场可通过检测精液射精量和精子活力、密度、存活时间、畸形率等指标进行科学选择。舍饲养殖的杜泊羊和湖羊公母按照 1∶30 的比例进行配置。

图 4－1　杜泊种公羊

图 4－2　湖羊种公羊

### （二）种公羊的饲喂

为了保持种公羊体况良好、性欲旺盛，种公羊对营养的要求为四季均衡、品种多样、精粗搭配、营养全面。其日粮应按照气候和季节分配种低峰期和配种高峰期的饲养标准来进行配制。在配种高峰时期，种公羊的饲料中应富含蛋白质、维生素和矿物盐，力求营养多汁、适口性好和饲料全价，精粗饲料的比例要合理，在日常饲料中可补饲牛奶、鸡蛋、骨粉等，以保证种公羊性机能旺盛，精液品质良好。在配种低峰期，在保证饲料营养价值完全、易消化、适口性好的同时，应保持种公羊的膘情适中，不易过肥或过瘦。种公羊的精饲料以玉米、高粱、燕麦、麸皮、大麦、豌豆、黑豆、豆饼为主；粗饲料多以三叶草、黑麦草、苜蓿、燕麦、红薯藤、花生秧等青干草为主；多汁饲料品种有胡萝卜、饲用甜菜、甜高粱、南瓜、红薯藤及青贮饲料等。精饲料中不可多用玉米或大麦，以免种公羊过肥从而影响配种能力，可多用麸皮、豆类或饼渣类补充蛋白质。夏季饲喂以青饲料为主，冬季饲喂以青贮料为主，日粮营养不足或配种任务繁重时，补充混合精饲料或动物性饲料。补饲量依据公羊体重、膘情与配种次数而定，避免种公羊体况过肥或过瘦，避免饲喂发霉变质的饲料。种公羊日粮中一般优质青干草占 30%，多汁饲料占 30%，精饲料占 40%，每日饲喂 2～3 次，饮水 3～4 次。

### （三）种公羊的管理

加强种公羊日常的饲养管理对于提高种公羊的体质和保持旺盛的性欲及提高繁殖力至关重要。单圈饲养、适当运动、圈舍定期消毒、定期驱虫防疫、合理利用等是对种公羊科学管理的基本内容和要求。公羊一般在 5～7 月龄时可达到性成熟，在养殖过程中应公母分群饲养，12 月龄后单圈饲养，每只种公羊圈舍面积不应少于 3 $m^2$，运动场面积不少于 6 $m^2$，单圈饲养可有效防止因争斗而造成的损伤；羊舍保持干燥清洁、光线充足、通风良好，可避免环境因素造成的种公羊精液品质的下降；在舍饲饲养条件下，为了保持种公羊良好的体况和健康，每天每只种公羊应保持 3～6 h 的运动时间，饲养人员要定时驱赶种公羊运动，非配种期一般不少于 2～3 h，配种期不少于 6 h，在配种前不宜吃料过饱。炎热的夏季，应做好防暑降温，避免阳光直射，及时剪毛和修蹄，提供充足且清凉的饮水。气温超过 35 ℃时，可用浸过井水或自来水的毛巾冷敷睾丸并按摩，可提高公羊性欲并防止高温对睾丸内精子的损伤。冬季以保暖通风为主。每天应准备充足的优质鲜、干草供其自由采食，饲喂精饲料 0.5 kg 左右，保证足够的能量、蛋白质、维生素和矿物质摄入的同时，维持中等以上膘情。配种前 2 个月，逐渐增加精饲料配比，直到配种期。种公羊每日配种次数应控制在 1～2 次，连配 2～3 d 可休息 1 d。定期对种公羊进行检疫、驱虫和疫苗接种，做好体内外寄生虫病的防治工作。常用的疫苗有三联四防疫苗、口蹄疫疫苗、羊痘疫苗、小反刍兽疫疫苗等，应按照疫苗说明书进行多次足量的有效接种。南方舍饲饲养的肉羊寄生虫发病率较高，春秋两季应对种公羊进行药浴驱除蜱、螨等体外寄生虫，利用伊维菌素、吡喹酮、阿苯达唑等药物驱除体内的线虫、绦虫和吸虫。平时还应注意观察种公羊的精神状况、食欲、反刍、配种、排便，避免产生换料应激、热应激、注射应激等，发现异常及时上报处理。种公羊的初配月龄控制在 12 月龄以上，利用年限一般为 6～8 年。对于生长发育不良、性欲低下、交配困难、精液品质不达标的种公羊应及时淘汰，并做好后备公羊的选育和储备。

### （四）种公羊的合理利用

杜泊羊和湖羊种公羊在羊群中数量小，配种任务重，种用价值高，合理利用种公羊对于提高羊群的生产性能和后代质量具有重要意义。因此，除了对种公羊进行科学饲养外，合理利用种公羊，最大限度地发挥其种用潜力，提高种公羊的利用率，对羊场经济效益的提高有着十分显著的影响。适龄配种、公母配比合理、科学安排配种任务和采精频率是种公羊科学合理利用的主要内容。杜泊羊和湖羊种公羊性成熟为 6～10 月龄，初配年龄应以 12～16月龄为宜，利用年限一般为 6～8 年，种公羊繁殖利用的最适年龄为 3～6 岁。自然交配情况下，杜泊羊和湖羊公母比例为 1∶30。有条件的羊场可对种公羊进行采精，成年种公羊每天可采精 3～4 次，通过检测精液中精子活力与密度等指标，利用人工授精的方式提高种公羊的利用率。精子活力低于0.6的精液或稀释的精液不能用于输精。在配种期最好集中配种，缩短配种周期，有利于集中产羔和统一管理。人工授精技术在减少种公羊的饲养量、降低养殖成本、减少疾病发生的同时，可显著提高种公羊的利用率和母羊配种受胎率。由于人工授精操作技术需要配种人员掌握规范的方法，有过硬的技术，目前在南方规模化羊场实际操作应用还比较少。

### （五）种公羊精液品质差的原因分析及提高措施

优质的精液是获得大量优质后代的基础，影响种公羊精液品质的因素较多，主要包括种公羊的基因、饲养管理、营养、环境、疾病等因素。上述因素可显著引起种公羊射精量与精子密度减少、畸形率与死精率增加、精子活力下降。对引起种公羊精液品质差的原因进行科学分析，采取有效措施提高精液品质对保持种公羊旺盛的性欲和提高繁殖力至关重要。种公羊因先天性不可逆因素造成的精液品质不佳主要表现在生殖器官发育不全，如两侧睾丸先天性不对称，这类种公羊应及时发现和淘汰。日粮营养缺乏，蛋白质、能量及维生素摄入不足，是造成种公羊生殖器官发育不良、性功能障碍、性成熟推迟、生精能力减弱、精液品质下降的另外一个主要因素。舍饲环境下，种公羊运动、采光、通风不足，长期处于高温环境下，也可造成种公羊内分泌失调、性欲低下和精液品质不良。此外，当种公羊患有睾丸炎、附睾炎、细小病毒病、布鲁氏菌病等疾病时，也可导致繁殖性能下降从而影响精子的数量和质量。

针对上述原因，养殖场通过加强选种育种，加强种公羊不同阶段的饲喂，提供全价优质饲料，保持饲料品种多样化，保持羊群有适度的运动量，合理安排配种，预防与治疗能引起种公羊繁殖障碍的疾病，及时淘汰老、弱、病、残等措施，以达到增强杜泊羊和湖羊种公羊体质和性欲，提高繁殖力和精液品质的目的。

## 二、杜泊羊与湖羊繁殖母羊的饲养管理

母羊是羊群发展的基础，数量多，个体差异明显，为了使杜泊羊与湖羊繁殖母羊正常发情、受胎，生产出数量多、体格健壮的羔羊，在提供良好饲养管理条件的基础上，必须根据其具体生理特性和营养需求，实施有针对性的阶段性饲养管理技术措施，以实现多胎、多产。一般按照生产目的和母羊生理特点不同，可以将繁殖母羊分为空怀期、妊娠期和哺乳期 3 个阶段，其中妊娠期和哺乳期是饲养管理的重点。为了保证母羊良好的体况和繁殖效能，提高杜泊羊和湖羊母羊的产羔率和羔羊品质，以下将从种母羊的选择、不同生理阶段种母羊的饲养管理、后备母羊的饲养管理和提高母羊繁殖力措施与途径 4 个方面进行介绍。

### （一）种母羊的选择

一般种用母羊应选择体质结实健康、体态匀称丰满、头大小适中、两眼有神、发情征状明显、母性较强、泌乳量高、产仔多、乳房及生殖器官发育良好、符合本品种体貌特征的母羊从外购入时应考虑有国家认证的正规、大型种羊场，保证引种质量。配种前种母羊应注意抓膘复壮，为配种妊娠贮备营养。杜泊羊与湖羊母羊一般在 4～8 月龄达到性成熟，一般适宜在 10 月龄进行配种（图 4－3，图 4－4）。日常管理中应避免近亲交配，否则会导致后代羔羊的生产性能降低。

图 4－3　杜泊种母羊

图 4－4　湖羊种母羊

## （二）种母羊不同生理阶段的饲养管理

杜泊羊与湖羊的繁殖母羊不同生理阶段的饲养管理对羊群繁殖力和生产力的影响至关重要。种母羊的发情、排卵、妊娠、哺乳等生理表现与环境温度、光照、营养、管理、遗传以及饲养方式等因素密切相关。南方夏季高温高湿和冬季寒冷潮湿的气候对繁殖母羊的繁殖机能会有不良影响。采用舍饲饲养的方式也容易导致种母羊运动量减少，维生素和矿物元素缺乏，繁殖性能降低。为了保持繁殖母羊良好体况，其日粮应按照空怀期、妊娠期和哺乳期 3 个阶段的营养需求来制定不同的饲料配方，力争做到四季均衡，品种多样，精粗搭配，营养全面，保证蛋白质、维生素和矿物质的正常需求。

**1. 空怀期的饲养管理** 空怀期是指种母羊性成熟后到配种成功前的阶段或产羔至下次配种成功的间隔时间。这个阶段饲养的重点是通过抓膘复壮促使母羊达到配种要求的体况标准，为下次配种做好准备。适宜的膘情对于提高母羊的配种受胎率至关重要，是保证产羔数量和质量的基础。一般在配种前的 1 个月通过补喂精饲料或增加饲喂优质青饲料实行短期优饲的方法达到母羊配种体况要求，确保羊群膘情一致、发情整齐、排卵正常。对于体况较差的母羊，每天可单独补喂0.3～0.5 kg 精饲料。精饲料以麸皮、玉米、豆饼为主；青饲料以苜蓿、黑麦草、红薯藤、南瓜秧、甜高粱为主。

**2. 妊娠期的饲养管理** 妊娠期是指母羊从成功妊娠到产羔前的这段时期，一般为 5 个月。根据胎儿发育情况，母羊的妊娠期又可分为妊娠前期（妊娠后的前 3 个月）和妊娠后期（分娩前的 2 个月）。妊娠期的饲养管理要点是保证胎儿的正常生长发育。母羊妊娠初期由于受精卵与母体联系不紧密，容易受外界饲喂条件影响而发生流产，此阶段严禁喂给母羊变质、发霉或有毒的饲料。妊娠前期胎儿生长发育缓慢，对营养物质的需求量较少，对能量、粗蛋白的要求与空怀期相似，舍饲饲养时，给予充足青饲料即可。妊娠后期胎儿生长发育快速，对营养物质的需求量明显增加，这一阶段应保证充足的营养供应，加强补饲，做到少喂勤添，除饲喂优质饲草外，还应逐渐增加麸皮、玉米等精饲料的补饲，同时添加矿物质及维生素，以满足此阶段母羊和胎儿对各种营养物质的需求，日粮的精饲料占比为5%～10%。如未保证充足的营养供应会导致羔羊初生重小，体质虚弱，抗病力差，死亡率高。母羊妊娠4个月以后，胎儿体重已达到了羔羊出生时体重的60%～70%，饲草和精饲料要求新鲜、品种搭配多样化，可多喂胡萝卜等青绿多汁饲料。严禁饲喂酒糟、马铃薯、未去毒的菜籽饼或棉籽饼，禁止饲喂霉烂、变质、冰冻饲料，以免引起母羊流产和发生产后疾病。产前10 d，要适当减少补饲精饲料用量，以免胎儿体重过大而造成难产。妊娠后期母羊的管理要周到细心，避免饲养密度过大，过度拥挤、滑倒造成流产。夏季圈舍应防暑降温，适宜早晚进行饲喂，加强通风，供给充足饮水，避免中暑。

**3. 哺乳期的饲养管理**　哺乳期是指羔羊出生到断乳的时期，一般持续2个月左右。母羊产羔后泌乳量在4～6周内达到高峰，10周后逐渐下降，羔羊摄入的主要营养来源于母乳。羔羊的生长发育的好坏取决于母羊在哺乳期乳汁的产量和质量。哺乳期饲养管理的中心任务是保证母羊分泌充足的乳汁外，还应防止母羊由于泌乳导致体重降低而影响断乳后的再次发情配种。做好母羊的补饲对于促进母羊的泌乳机能至关重要，应根据所产羔羊数量以及母羊体况来确定补饲量。体况较好的母羊，产后1～3 d内可不补喂精饲料，以免乳汁分泌过多导致排乳不畅引发乳腺炎，可将少量麦麸加入温水中喂羊，促使恶露排出。产后3 d后逐渐增加精饲料的用量。产单羔的母羊，每天补喂混合精饲料0.5 kg；产双羔或多羔的母羊，每天补饲1 kg精饲料。补喂精饲料的同时应提供优质青干草和青绿多汁饲料，并注意矿物质和微量元素的供给，以保证母羊泌乳机能的发挥。母羊哺乳期间应提供充足清洁的饮水，特别在高温季节，应增加水的供应量，防止母羊因饮水不足导致泌乳停止。哺乳母羊的圈舍应保持清洁干燥，要经常检查母羊乳房，如发现有乳头闭阻、乳房发炎、乳房化脓或乳汁颜色异常等情况，要及时采取相应措施及时处理。哺乳后期母羊的泌乳量下降，应逐渐减少对母羊的补饲，但应增加青绿饲料的供给，以确保母羊在下一个情期保持良好的体况。

### （三）后备母羊的饲养管理

后备母羊是羊场快速发展的前提，也是羊群繁衍的基础，后备母羊的质量对提高母羊繁殖成活率至关重要。合理的补饲与饲养管理，可显著提升后备种母羊的产羔率和羔羊品质，增加其繁殖效能。后备母羊最好选择当年2月份出生的母羊留作种用，10月即可配种，次年3月产羔，即当年羔羊当年配种、妊娠、育肥出栏，养殖效益高。后备种母羊饲养的关键时期为4～6月龄，此期后备种母羊发育迅速，应提供蛋白质含量丰富的优质青饲料，如苜蓿、大豆秧、黑麦草、甜高粱、青干草、青贮饲料等，并注意矿物质和微量元素的供给，以保证母羊身体器官充分发育和生理机能正常发挥。后备种母羊在8～12月龄时，根据体况适时进行限饲，定期称重检查，避免因过肥对繁殖产生不良影响。注意夏季防暑与冬季保暖，将圈舍温度控制在适宜的范围之内。平时重视对杜泊羊与湖羊后备母羊外形、泌乳以及生产性能等方面选择。杜泊羊与湖羊种母羊在4～8月龄达到性成熟，当初配母羊达到成年体重的70%之后就可实施配种。春秋两季是最佳的繁殖季节，应做好圈舍环境控制以及饲料管理。夏季高温季节，不宜进行种母羊配种工作。对后备母羊进行繁殖选配时，需考虑母羊母性、泌乳力、产仔数、乳房及生殖器官发育情况，严禁近亲交配。对发生流产，还有乳腺炎等繁殖疾病，以及所产羔羊体重低、体质差、成活率低的母羊应及时淘汰，不再作为后备种母羊使用。平时注重后备母羊日常管理，做好疫病防治和疫苗接种工作。

### （四）提高母羊繁殖力的措施与途径

母羊繁殖力的高低与环境温度、光照、营养、管理、遗传等因素密切相关。上述因素可显著影响发情、排卵、受精、妊娠、胎儿发育，以及泌乳力与羔羊质量。研究与饲喂经验证明，通过适当提高适繁母羊在羊群中的比例，选留产双羔的种羊及其后代，适时配种与选配，合理利用先进的繁殖技术，实施补饲和早期断乳，加强饲养管理等措施，可有效提高母羊繁殖力。母羊所占羊群中的比例对羊群规模的扩大和养殖效益的提升影响较大，有条件的养羊企业可通过不断淘汰老、弱、病、残和低繁殖力的母羊并及时补充优秀后备母羊的方式，适当提高适龄繁殖母羊在羊群中的比例，一般繁殖母羊所占比例应达到60％～70％，其中1.5～4岁的适繁母羊应占50％左右。杜泊羊与湖羊虽说常年均可发情，但仍有淡旺季之分。因此，在配种前通过补饲精饲料抓好夏秋膘，提高配种前体重，使母羊发情整齐，排卵数量多、质量好。采用发情旺季适时配种，可显著提高受胎率和多胎率，进而提高母羊繁殖率。加强在母羊妊娠后期的饲养管理，选留多胎母羊及其后代羔羊，可有效降低母羊的流产率、死胎率和死亡率，是提高母羊繁殖率的又一重要举措。合理利用先进的繁殖技术和管理措施，比如利用激素进行同期发情和超数排卵处理、适时配种和多次配种、利用鲜精或冻精进行人工授精、利用B超仪对母羊进行早期妊娠诊断、对羔羊实施补饲和早期断乳、采用调节光照周期的生物学刺激等方法和手段可明显促进母羊发情排卵，提高母羊受胎率，增加羔羊数量，提高羔羊质量。针对上述提高母羊繁殖力的措施与途径，养殖场通过加强选种选配，科学饲养与管理，预防与治疗母羊繁殖障碍疾病，及时淘汰老、弱、病、残等措施，以达到提高母羊繁殖力的目的。

## 第二节　杜泊羊与湖羊羔羊的饲养管理

羔羊是指从出生到断乳，其生长发育所需营养均由母羊乳汁提供这段时期内的幼羊，是养殖肉羊生产过程中死亡率最高的阶段。羔羊哺乳期一般为 2～3 个月。羔羊出生后生长发育迅速，营养需求量日渐增加，体温调节能力差，对低温环境敏感，易感染疾病，适应能力差。如饲养管理不当，往往造成羔羊断乳体重低，体质较差。做好羔羊的护理、补饲和管理是提高羔羊成活率的关键。现将杜泊羊和湖羊初生羔羊的饲养管理技术介绍如下。

## 一、杜泊羊与湖羊羔羊生理特点与生长发育规律

### （一）杜泊羊与湖羊羔羊生理特点

杜泊羊与湖羊羔羊出生后体温调节能力不完善，皮薄毛稀，皮下脂肪少，体抗力弱，体温易受到外界温度的影响，尤其是出生后的几个小时内对寒冷刺激较为敏感，容易引发感冒、肺炎、拉稀等疾病。在冬季或天冷时要注意羊舍保温，产羔舍的温度宜保持在 15 ℃以上。初生羔羊消化道较短，肠道的适应性较差，消化机能不完善，采食草料能力差，羔羊哺乳期间营养需求主要依靠母乳。羔羊瘤胃发育可分为初生至 20 日龄左右的无反刍阶段，20～55 日龄的过渡阶段和 55 日龄以后的反刍阶段。20 日龄左右杜泊羊与湖羊羔羊才能缓慢地消化植物性饲料。研究表明，杜泊羊与湖羊羔羊早期断乳时间宜在 8 周龄。在断乳前杜泊羊与湖羊羔羊生长发育较快，出生后 15 日龄左右应训练羔羊采食，以促进其瘤胃发育和消化机能的完善。羔羊出生后 2 周龄之内，体内的维生素和免疫抗体几乎均由母乳中获取。在养殖生产中，要根据此期羔羊生理特点，对母羊进行补饲，促进母羊多产乳，采取综合性的措施，保证羔羊健康发育，提高羔羊的成活率。

### （二）杜泊羊与湖羊羔羊生长发育规律

羔羊的生长发育不仅受遗传的影响，还受环境等多方面的影响。杜泊羊与湖羊羔羊的生长发育规律存在品种特异性，系统了解两者羔羊的生长发育规律，对于规模化养殖生产和品种优势的充分

发挥意义重大。李法忱等人对杜泊羊羔羊生长发育规律研究结果表明，杜泊羊羔羊各月龄的增重量以1月龄和3月龄为最大，分别达到10.6 kg和10.5 kg，2月龄羔羊增重次之，4月龄为最小，分别为9.0 kg和4.7 kg（李法忱等，2003）。杜泊羊羔羊的平均生长强度以1月龄最大，2～4月龄依次减少，母羔的生长强度高于公羔。1～4月龄杜泊羊羔羊平均日增重290 g，每1 kg增重平均消耗精饲料1.37 kg，粗饲料0.43 kg。根据文献报道以及对杜泊羊羔羊生长发育规律的观察分析，笔者认为杜泊羊羔羊具有前期增重快、饲料转化率高、适应性强等几个突出的特点。无论从杂交育种和羔羊育肥生产，杜泊羊在洞庭湖区的利用前景都十分广阔。莫负涛等人对西北寒旱地区舍饲湖羊生长发育特征研究发现，湖羊在3～6月龄生长速率最快，在此期间湖羊心、肝、脾、肺、肾、头蹄和皮的增长强度随着日龄的增大而增长，6月龄之后逐渐降低，瘤胃的生长强度始终大于体重生长强度，因此6月龄为肥羔生产最佳屠宰时间（莫负涛等，2014）。陈玲等人的研究也表明，湖羊在3月龄之前生长速度最快，3～7月龄湖羊的生长开始呈递减趋势，7月龄之后趋于平缓（陈玲等，2014）。笔者对洞庭湖区湖羊羔羊生长发育规律的观察与分析，其生长发育趋势与莫负涛等人报道的情况相同。

## 二、杜泊羊与湖羊羔羊常规饲养管理技术

### （一）产前准备与判定

羔羊的饲养管理应从母羊产羔开始抓起。母羊临产前几天应准备好产房，做好产房的清扫、消毒、接产常用工具准备和防寒保暖工作。在舍饲的情况下，母羊运动量少，往往导致母羊在产羔分娩时表现出乏力或努责无力，对产羔母羊做好产前判定和助产是舍饲羊场提高羔羊成活率的关键。母羊临产前常常表现精神不安、食欲减退、常独处墙角或僻静处、外阴肿胀潮红、有浓稠黏液流出、肷窝下陷、频繁排尿、回头顾腹、乳房肿胀、乳头直立，分娩前2～3 d用手挤按乳头，有少量黄色初乳分泌。

### （二）胎羔的接产

当发现临产母羊肷窝下陷明显、起卧不安、努责频率加快以及羊膜露出外阴部时，应立即准备接产。接产时把母羊尾根、外阴等处用1%的新洁尔灭消毒液清洗2～3次，当胎羔头部及羊膜露出阴门时，应将羊膜及时扯破并擦掉胎羔口鼻内黏液，以促进胎羔呼吸。一般经产母羊在羊膜破裂后30 min可产出羔羊，初产母羊所需时间稍长。当第1只羔羊产出后，如发现母羊仍有阵痛和努责表现，要认真进行细致检查，及时进行双羔的接产。产双羔时，一般2只羔羊先后产出平均间隔为15～20 min。如羊膜破裂羊水流失超过30 min，仍存在未见胎羔产出、母羊努责无力、羔羊产出时胎位不正、只看到前肢未看到胎儿头部、两后肢先露出产道等情况，应立即实施人工助产。对于努责无力的助产操作：一般可肌内注射缩宫素1 mL，助产者用力时与母羊努责节律保持一致，顺势用力将胎羔从产道拉出。对于胎位、胎向不正的助产操作：助产者先将胎儿前置部分用棉绳拴好，借势送回产道。后将消毒后的手臂伸入产道校正胎位后，随母羊努责节奏，缓慢将胎儿拉出，切勿用力过大而拉伤母羊产道或造成产后子宫的脱出，避免阴道和子宫的损伤与感染。接产时，助产人员应做好个人防护，及时对手臂进行清洗、消毒，预防常见人畜共患病的发生，如布鲁氏菌病。

### （三）羔羊的护理与补饲

羔羊产出后，立即用干净且吸水性好的毛巾将胎羔口鼻的黏液擦净，避免引起呼吸不畅或异物性肺炎。如果脐带未断，应距脐眼2 cm处结扎后剪断，用5%碘酊消毒断端。羔羊身上的黏液应让母羊舔干净，有利于增进母子感情及加快产后子宫的恢复。如果产下假死羔羊，应立即双手握住两后肢将羔羊倒提，使口、鼻内的黏液、羊水等流出，同时拍打其胸部，用两手有节律的按压胎羔胸部两侧，或向鼻孔吹气，使其慢慢产生呼吸而复苏。羔羊产出后30 min内应让羔羊尽早吃到初乳。初乳中除含有丰富的蛋白质、脂肪、矿物质元素、维生素之外，还含有大量的免疫球蛋白，对于羔羊在哺乳期间免疫机能的维持具有重要作用。初乳中含有大量的镁盐，有利于体内胎粪的排出。对于产双羔、三羔或母羊泌乳能力不足时，饲养员应对缺乳羔羊进行人工辅助哺乳或为其寻找“继母”。羔羊在哺乳期内可留在羊舍内饲养，即母子同圈。羔羊出生后15～20 d时，开始训练采食易于消化、适口性好的幼嫩豆科干草料和补饲粉碎后的玉米、小麦、豆饼、麸皮等精饲料。喂料量由少到多，少给勤添。不可单独喂饲豆类以及脂肪含量高的饲料，以免造成消化不良而引起腹泻。出生后半月龄的羔羊每只每日补饲全价的配合饲料量为50 g，1～2月龄的羔羊为80～100 g，2～3月龄的为150～250 g。

### （四）组群与断乳

对于产双羔或哺乳双羔的母羊进行单独组群饲养，有利于补充哺乳双羔时的营养消耗，方便管理。一般每只产双羔的母羊每日应保持饲喂精饲料1 kg以上。一般羔羊在2～3月龄时应实施断乳，实施对羔羊的断乳除应考虑月龄外，还应考虑羔羊的采食能力和体重、体质。对于采食能力差、体重偏低和体质瘦弱的羔羊，可以适当延长哺乳期。目前羔羊断乳方法有两种，即一次性断乳法和逐渐断乳法。断乳对羔羊是一种较大的应激，处理不当会引起羔羊生长缓慢，发育受阻，因此可采取断乳不离圈、不离群的方法，常采用断乳方法的是对羔羊和母羊的应激刺激较小的逐渐断乳法。尽量保持羔羊原有的生活环境和饲料，减少对羔羊的不良刺激和对生长发育的影响。羔羊2月龄左右应及时进行公母分群、大小强弱分群饲养，不作种用的公羔应及时去势分群，有利于提高整齐度和成活率，降低发病率与淘汰率。

### （五）科学防疫

羊舍狭小拥挤，阴暗潮湿，通风不良等均可引起羔羊发病。调查发现，羔羊痢疾等消化道疾病是造成羔羊死亡的主要疾病之一。

搞好羊舍卫生，适时免疫接种是提高羔羊成活率的重要措施。根据洞庭湖地区的疫病流行情况，结合养殖场历年疫病发生特点，制定科学、合理、可行的免疫方案，及时有效地开展母羊羊痘、口蹄疫、羊梭菌性疾病、传染性胸膜肺炎，以及小反刍兽疫等疫病的相关免疫工作，以确保母羊初乳中含有针对上述疾病的免疫抗体。羔羊1月龄后，应逐次进行口蹄疫、羊痘、羊三联四防（羊快疫、羊猝疽、肠毒血症、羔羊痢疾病）灭活疫苗的免疫接种。在免疫接种的过程中，应严格依据免疫操作规程实施，从而降低羔羊在哺乳期内疾病发病率和死亡率。

## 三、提高哺乳期杜泊羊与湖羊羔羊成活率关键技术

### （一）影响羔羊成活率的主要原因

羔羊的成活率直接影响到羊群的繁殖力和羊场经济效益。目前影响羔羊成活率的主要因素主要有：母羊初产或配种过早，生殖器官与乳房发育不良；母羊一胎多羔常常造成母羊泌乳不足导致羔羊长期处于半饥饿状态，羔羊吮吃初乳滞后或人工辅助哺乳不当，常引起羔羊断乳体重不达标，体质瘦弱，抗病力低下，如遇气候突变，极易导致羔羊冻饿死亡；羔羊断乳过早，成年羊与羔羊混圈饲养，大小强弱分群不合理，保暖防潮条件差，对体重偏低和体质瘦弱的羔羊补草补料不及时，羔羊管护工作不到位等，常常造成羔羊摄入的营养不能满足生长发育需要，极易引起部分弱、幼、病羊的死亡；在免疫接种的过程中使用劣质过期疫苗，没有按照免疫操作规程操作，在某些疾病流行期间没有采取严格的隔离措施，防疫观念淡薄，防疫工作不到位会导致疾病传播范围扩大，羔羊致死率上升。

### （二）提高哺乳期杜泊羊与湖羊羔羊成活率关键技术

养羊是目前洞庭湖区农民增收致富的重要途径，营养、管理、疾病、应激与环境等因素是影响羔羊抵抗力与致死率的主要原因。

影响舍饲杜泊羊与湖羊羔羊断乳成活率的主要因素有出生后多羔的管护、断乳方法、断乳日龄、开食时间、补饲方法和消毒防疫措施等。除科学防疫外，加强哺乳期羔羊的饲养管理是提高羔羊成活率、增加经济效益的关键。否则极易导致羔羊发病和死亡率的上升，造成重大经济损失。以下介绍提高杜泊羊与湖羊羔羊哺乳期成活率的关键技术，以供参考。

**1. 做好接产和助产**　对于初产和产多羔母羊，接产前应注意做好接产工具和器械准备，注意产房防寒保暖和脐带消毒，羔羊产出后让母羊舔干羔羊全身或用毛巾将羔羊羊水擦干，防止全身体温散失太快而造成羔羊感冒或死亡。当遇到羔羊吸入性呼吸困难或假死时，及时按照本章已介绍的胎羔接产方法进行急救和处理。

**2. 加强母羊产后护理**　及时补饲精料，促进泌乳机能的充分发挥，尽早让羔羊吃到初乳。对于产多羔母羊发生母乳不足时，及时寻找继母，或采用人工辅助哺乳，做到定时定温对初生羔羊每只每次喂量为 50 mL，隔3 h饲喂 1 次，每天喂 5～6 次，随着羔羊日龄的增长，可逐渐减少日喂次数。

**3. 加强羔羊的护理**　根据初生羔羊的生理特点，完善环境设施，保温防寒，母子同圈，避免应激，适时分群补饲，加强防疫。

**4. 适时断乳**　建议杜泊羊与湖羊羔羊断乳的时间约为 100 日龄。舍饲条件下，根据羔羊的体重和体况，也可在 2 月龄时实施断乳，有利于母羊繁殖机能和身体状况的恢复，从而提高繁殖率，也有利于羔羊快速生长时身体对营养物质的需求。

**5. 消毒防疫措施要到位**　母羊产前 7 d，将产羔舍及其周围环境清扫干净后，并用 10％生石灰水或 2％来苏儿溶液或 1％氢氧化钠溶液对地面、墙壁和食槽进行消毒。产前母羊乳房周围的污毛应剪去，用温水将乳房洗净后，再用 0.1％的高锰酸钾溶液或新洁尔灭溶液进行擦洗消毒。育羔期间每天对产房和羔羊圈舍进行清扫消毒，每日 1 次。对于羔羊疾病要以预防为主，治疗为辅，定期注射疫苗和驱虫。一旦发现羔羊有发热、呼吸急促、腹泻等症状，应立即隔离，及时诊断与对症治疗。发现患有疑似传染病者，做好隔离与治疗的同时，及时上报动物防疫部门，妥善处置。

### （三）断乳日龄对杜泊羊与湖羊生长发育的影响

不同绵羊品种、不同饲养管理方式以及养殖地域对羔羊断乳日龄的要求不尽相同。适宜断乳时间的确定对羔羊生理、心理应激，免疫力和生长速度有较大影响（杨宇泽等，2008）。舍饲条件下，实施对羔羊的断乳除应考虑月龄外，还应考虑羔羊的采食能力和体重体质。断乳时间过早会导致羔羊体重过轻，体质较弱，容易引发感冒、腹泻等疾病；断乳时间过晚，易导致母羊身体机能恢复期延长，繁殖力和生产性能降低等问题。一些研究认为羔羊的日采食量在 200 g 以上时可实施断乳。从瘤胃发育特点的角度看，羔羊 20 日龄后才逐渐具有消化植物性饲料的能力，20～55 日龄是羔羊瘤胃发育的过渡阶段。研究表明，断乳日龄对羔羊采食量、体重和体尺、经济效益等方面均有显著影响（张居农等，2003）。从羔羊采食量、增重及经济效益综合考虑，在南方洞庭湖区舍饲的杜泊羊与湖羊羔羊从 35 日龄开始饲喂易消化的开口料，断乳时间安排在 8 周龄左右较为合适。

### （四）杜泊羊与湖羊羔羊常见疾病的防治

杜泊羊与湖羊羔羊常见疾病的防治应从围产期母羊补饲与接种免疫和新生羔羊消毒防病两方面考虑。母羊在妊娠后期和泌乳期应保持羊舍卫生清洁、通风干燥，乳房清洁卫生，供给优质全价饲料以满足新生羔羊的营养需求。对病羊的粪尿和分泌物、垫草、用具等要严格消毒，不留死角，如发现疑似病羊，立即采取隔离措施，及时诊断，对症治疗。病死羊要深埋或焚烧，进行无害化处理。生产中常见的羔羊疾病有以下几种。①羊口疮：由传染性脓疱病毒引起，以羔羊、幼羊易感，主要表现口、唇、舌处皮肤和黏膜脓疱、溃疡和形成痂皮。往往引起羔羊不能取食，导致瘦弱死亡，发病率和致死率较高。②羔羊痢疾：主要由产气荚膜梭菌或大肠杆菌感染、消化不良、寄生虫感染、脐带与乳房消毒不严和其他诱发因素等引起，主要表现为精神沉郁，走路摇晃，头垂背弓，排粥状或水样恶臭粪便，极易造成羔羊脱水，甚至衰竭死亡。③肺炎：一般由受寒感冒、细菌或病毒感染、吸入刺激性气体、饲养管理不当而发病，患病羔羊主要表现为咳嗽、腰背拱起、呼吸困难急促、腹式呼吸，鼻流脓性鼻液，若不及时治疗，易导致羔羊死亡。④营养缺乏症：一般由于饲料单一，营养失衡，钙、磷摄入不良，微量元素与维生素D缺乏以及钙、磷代谢障碍所引起。临床上营养缺乏症主要导致佝偻病、食毛癖和骨软症。病羊常常表现消瘦，生长迟缓，食欲减退，消化不良，精神沉郁，骨骼、柔软、弯曲、变形，易出现骨折、跛行、卧地、瘫痪，以及舔食或啃咬异物等异嗜癖现象，常呈散发或在某一地区流行。针对上述羔羊营养缺乏症的发生原因，通过改善饲养管理，调整饲料结构，增加品种搭配，增加维生素、矿物质的供给，可取得明显效果。

引起杜泊羊与湖羊羔羊常见疾病发生的原因较多，在饲养管理生产过程中要秉持预防为主的原则，对圈舍定期消杀，加强平时对羊群饲养管理，做到勤查圈、勤观察、勤消毒，制定合理的防疫免疫程序，适时接种疫苗，发现疫病和可疑病例后应按照防疫规程及时处理。

## 第三节　育成羊的饲养管理

### 一、舍饲杜泊羊与湖羊育成羊的发育特点

育成羊是指断乳后到第1次配种、4～8月龄的公母羊，是羊群质量提高和规模化养殖的基础。舍饲条件下，杜泊羊与湖羊育成羊的发育具有以下特点：摄食量大，生长速度较快，蛋白质、能量、维生素及微量元素等营养物质需要量大，此期如果饲料不能满足身体发育所需的营养，会显著影响杜泊羊与湖羊的生长发育，导

致个头小、体重轻、身腰短、被毛稀疏、骨骼肌肉发育不良，性成熟和体成熟月龄推迟；不能按时配种，或配种后不能妊娠，或妊娠后不能产多羔，进而影响繁殖力和生产性能，导致种用价值的丧失。

## 二、舍饲杜泊羊与湖羊育成羊的饲养管理

舍饲杜泊羊与湖羊一般饲养管理要点主要包括选种、分群、管理和配种 4 个方面。生产中常常根据本品种体貌特征，选择断乳体重大、身腰长、肌肉匀称、胸围宽深、品种特性优良且高产的公母羊的后代留作种用，体貌特征不符合要求或乳房与生殖器官发育不良，种用价值较低，生产性能较差的则转为商品羊生产使用。断乳之后的育成羊根据品种、性别、大小、强弱及生产用途分别组群，分圈饲养。育成羊饲养的关键时期为 4～6 月龄，此期肉羊发育迅速，育成羊的常规饲养管理参见本章后备母羊的饲养管理。由于公羊生长发育较快，营养需求量较大，提供给育成公羊的精饲料和青绿饲料相对于育成母羊要多。舍饲杜泊羊与湖羊育成羊的补饲一定要到位，在保证量的同时，还需定期补饲矿物盐舔砖（图 4－5），以弥补饲料中矿物质缺乏，确保肉羊生长发育需要。

图 4－5　舍饲杜泊羊与湖羊育成羊用矿物盐舔砖

一般舍饲杜泊羊与湖羊育成母羊性成熟在4～5月龄，此时的体重是成年母羊的40%～50%，由于此阶段育成母羊内脏器官尚未发育完全，虽然能排出成熟卵子，但不宜配种，否则会由于配种过早而造成难产。舍饲杜泊羊与湖羊育成母羊体成熟期在8～10月龄，此时的体重是成年母羊的60%～80%，约40 kg，此阶段身体各器官发育完全且机能完备，可实施配种。舍饲杜泊羊与湖羊育成母羊的发情较经产或成年母羊不明显，因此要加强发情巡查鉴定。可采用试情法，即将公羊放入母羊圈寻找适配母羊，以免漏配。杜泊羊与湖羊育成公羊一般在12个月龄以后或体重达60 kg以上时再实施配种，确保产生成熟达标的精子从而获得优良后代。

## 三、舍饲杜泊羊与湖羊育成羊饲料

舍饲条件下，杜泊羊与湖羊育成羊的日粮应以优质苜蓿、甜高粱、青贮饲料、青干草和青绿多汁饲料为主，配合适量精饲料，从而保证饲料营养价值完全、易消化、适口性好。育成期精饲料一般由玉米、高粱、燕麦、麸皮、大麦、豆饼等组成；青绿饲料多以黑麦草、苜蓿、甜高粱、红薯藤、花生秧等青干草为主；多汁饲料由胡萝卜、甜菜、甜高粱、南瓜等组成。育成羊日粮中一般优质青绿饲料占30%～40%，多汁饲料占10%～20%，青贮饲料占20%～30%，秸秆等粗饲料占20%～30%，精饲料占5%～15%，每日饲喂2～3次，饮水3～4次。可按照分群情况采取不同的饲养方案，根据体重大小和增重情况适时调整饲养方案。育成后期即配种前通过加强补饲，提高配种前体重，可显著提高受胎率和多胎率，进而提高母羊繁殖率。补饲量依据体重、膘情而定，避免配种公母羊体况过肥或过瘦，避免饲喂发霉变质的饲料。

## 四、杜泊羊与湖羊公羊去势技巧

杜泊羊与湖羊具有生长发育快、性成熟早、产羔数多、常年发情、适宜舍饲等优良特性，是肉羊生产中理想的绵羊品种。在羔羊育肥阶段，公羔育肥效果较母羔突出。去势是采用手术或者非手术的方法使动物永久丧失生育能力的一种管理手段。由于市场需求，每年均有一定数量的杜泊羊与湖羊公羔去势后生产羯羊肉。目前，国内关于肉羊去势方面的研究报道较多，非种用公羔去势可有效杜绝早配，对肉羊的生长与屠宰性能以及肉质有一定影响，但公羔去势对育肥效果的研究结果不尽一致。在杜泊羊与湖羊舍饲生产中，去势对公羊生产性能有何影响，在何时进行去势，采用什么方法去势仍存在一些争议，给广大养殖户带来很大困扰。现就去势对杜泊羊与湖羊生产性能的影响、杜泊羊与湖羊公羊去势技术要点、以及成年公绵羊去势术后感染原因分析与预防措施等方面进行介绍，为今后杜泊羊与湖羊羔羊育肥生产提供理论基础和技术参考。

### （一）去势对杜泊羊与湖羊生产性能的影响

去势对杜泊羊与湖羊生产性能的影响主要体现在生长发育、屠宰率、羊肉品质等方面。去势对雄性动物生长发育的影响主要与去势时动物的年龄和去势所采用的方式有关。周玉香等研究 60 日龄小尾寒羊去势对其生长性能的影响后发现，与未去势公羊相比，去势组平均日增重明显少于未去势组的平均日增重（周玉香等，2003）；李建华等对 15 日龄公羊进行去势后也发现去势公羊日增重明显少于未去势公羊，同样认为去势不经济（李建华等，2007）；Lloyd 研究表明，未去势公羊体重和平均日增重显著高于去势公羊，但屠宰率和脂肪含量较低（Lloyd 等，1980）。郝坤杰研究去势及去势日龄对湖羊生长性能的影响后发现，3 日龄和 56 日龄湖羊公羊去势后，生产效率显著降低，而生产性能没有显著变化，用湖羊生产羯羊肉时宜选择 3～56 日龄去势羔羊（郝坤杰，2019）。国外研究表明，与出生去势公羊相比，未去势公羊总脂肪含量显著较低，且肌内脂肪也显著降低；去势公山羊的羊肉比普通公山羊的羊肉含有较多的不饱和脂肪酸与多不饱和脂肪酸。综上所述，公羊去势后平均日增重和饲料转化率会显著降低，屠宰率则升高，羊肉中含有较多的不饱和脂肪酸。

实践证明，对任何年龄段的杜泊羊与湖羊公羊去势易产生应激反应，进而导致去势公羊在一段时间内生长缓慢或停止，去势不当时还易引发伤口感染、破伤风甚至死亡等情况。去势所造成的应激反应大小与去势方法、去势日龄、去势季节，以及羔羊体重和体质等因素有关。一般去势日龄较早对公羔造成的应激刺激较小，对其后期生长性能的影响也较小。在舍饲条件下，根据实际生产经验，不建议对实施育肥的杜泊羊与湖羊公羊去势。去势方法也是影响去势效果和生产性能的重要因素之一。生产中杜泊羊与湖羊公羊常用的去势方法主要有手术睾丸摘除法和弹力环去势法（结扎法）。手术法操作相对复杂，需要有经验的技术人员操作，一般造成的应激反应较大、消毒不当还易引发伤口感染；弹力环去势法操作比较简单，造成的应激反应较小，但持续时间较长。选择合适的日龄及去势方法，有利于减轻去势带来的应激反应。

### （二）杜泊羊与湖羊公羊去势技术要点

杜泊羊与湖羊公羊去势在一定程度上降低了生产效率，但由于文化、习俗和消费者对羊肉品质、风味的喜好，生产去势公羊（羯羊）在国内仍有一定的市场需求。常用的去势方法有手术法、结扎法、断精索法。现就生产中最为常用的手术法及去势小技巧进行介绍。

手术去势法切除睾丸适用于7日龄以上的公羔，先对公羔进行保定，抓住公羔两后腿，将羔羊倒立，剪去睾丸周围羊毛，使用医用碘酒对阴囊进行消毒，再用75%的酒精消毒。术者用左手将睾丸挤到阴囊底部，使阴囊皮肤绷紧，右手持手术刀在睾丸最突出处用力割出一条与阴囊纵缝平行的切口（图4-6），切口宜占睾丸纵径的2/3，当皮肤与总鞘膜均切开后，一侧睾丸会自动从切口冒出，用手指采用捻转法或者挫切法摘除睾丸，捋断精索。再切开阴囊纵隔，用相同方法挤出另一侧睾丸。摘除睾丸后，碘酊消毒切口，伤口内撒上青霉素和链霉素粉剂。术后要密切观察去势公羊的恢复情况，发现炎症后及时处理。对月龄较大公羊实施去势手术时，剥离鞘膜挤出睾丸并用手指分离精索、血管与经膜后，利用止血钳在近腹腔处打结，在睾丸侧剪断精索，其他技术要点与上述介绍相同，但保定措施要到位，防止剧烈挣扎造成的切口位移而伤及组织。手术去势法切除睾丸时，要一次切透皮肤和总鞘膜，以睾丸自动冒出切口为佳，切勿用力过小，切割次数过多造成伤口创面过大增加感染风险。

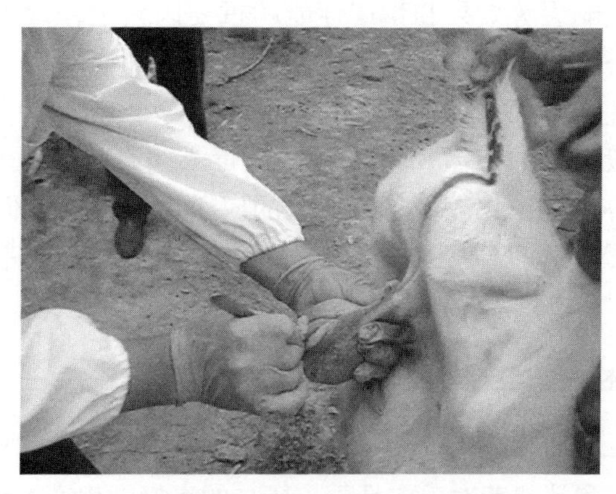

图 4－6　成年公羊手术法切开阴囊

### （三）成年杜泊羊与湖羊公羊去势术后的感染原因及预防措施

成年杜泊羊与湖羊公羊种用能力下降或生产用于试情的公羊时，常常对其进行去势处理。成年后的杜泊羊与湖羊公羊睾丸重量大、精索粗，阴囊壁具有丰富的血管。去势过程中，如果操作不当，创面过大，加上气候潮湿炎热，很容易造成伤口感染，严重时还会导致羊只死亡，给养殖户造成严重的经济损失。舍饲养殖条件下，术前工作准备不到位、器械和场地消毒不严格、手术操作不熟练导致的创面大、伤口深、切口的选择不合理、下刀方式和部位不科学、圈舍卫生差等是成年杜泊羊与湖羊公羊去势手术后感染的主要原因。针对上述造成术后感染原因，充分考虑其养殖模式和品种因素，有针对性地采取预防措施，加强对术前术后羊群的管理、场地圈舍的消毒、技术人员的培训等可有效降低或避免成年杜泊羊与湖羊公羊去势术后感染的风险。

## 第四节　杜泊羊与湖羊应激反应与处置对策

应激是动物受到体内外非特异性、异常的刺激，产生的非特异性、生理性紧张状态的反应，是机体调动交感、肾上腺髓质系统及垂体肾上腺皮质系统等防御结构对外界不良刺激的一种积极抵御机制。应激反应容易导致机体内环境的紊乱，引起机体抵抗力大幅度降低，是引发机体疾病的主要因素之一。在规模饲养情况下，由于环境的变化以及饲养方式的改变等应激源的出现，肉羊会出现比较明显的应激反应，若处置不当，羊只可能出现大量死亡，给养殖企业（养殖户）造成较大经济损失。如何在养殖过程中避免应激刺激，最大限度地消除应激源并在发生应激反应后科学应对，是湖区肉羊养殖户需要思考和面对的现实问题。

为了解洞庭湖区杜泊羊与湖羊应激反应产生的原因、影响因素、反应特点以及临床症状，对常德西洞庭湖周边安乡县雄韬牧业有限责任公司、常德市深耕农牧有限公司中、大型羊场进行舍饲肉羊应激反应调研，就羊场肉羊产生应激反应的原因、影响因素、特点以及临床症状进行分析和总结，结合洞庭湖区地理和气候特点，合理有效制订应对应激反应的处置对策，对有效缓解和降低各型应激反应，为广大洞庭湖区杜泊羊与湖羊养殖户和养殖企业实施肉羊健康养殖提供科学参考。

### 一、洞庭湖区杜泊羊与湖羊产生应激反应的原因及特征

洞庭湖区气温高，雨水多，冬季寒冷潮湿，舍饲肉羊容易受外

界环境影响，较易发生各类型应激反应。驱赶、混群、防疫、运输以及接触到一些应激源均会导致应激反应，常见的应激源有噪声，陌生气味，禁食，禁水，过高或过低的温度、湿度，拥挤等。在购进肉羊时，由于各地流行病原、饲喂方式、气候环境、个体差异等因素的不同，机体为了适应新环境的变化，往往也会产生一系列的应激反应，主要表现出感冒、咳嗽、流鼻涕、脱水、烂嘴、中暑、腹泻等症状。瘦弱、体质较差杜泊羊与湖羊及羔羊在青绿饲料不足、营养不良、抵抗力弱及天气突变的情况下更容易产生应激，导致羊只大批死亡，使养殖企业（户）收益降低，危害更为严重。笔者通过对西洞庭湖区两个中、大型羊场内出现应激反应的肉羊调研分析后发现，在洞庭湖区引发杜泊羊与湖羊应激反应的应激因素主要有环境、致病、运输和管理水平，而换料、断乳、营养水平和饲养模式等常见应激因素所占比例较小，见图 4－7。在四种主要应激源中，环境因素多在春、夏和秋季诱发肉羊应激；致病因素在春、夏两季易引起杜泊羊与湖羊应激；因运输因素引起的应激则在夏、冬两季比较突出；而管理因素在夏季更易引起肉羊应激反应，见图 4－8。

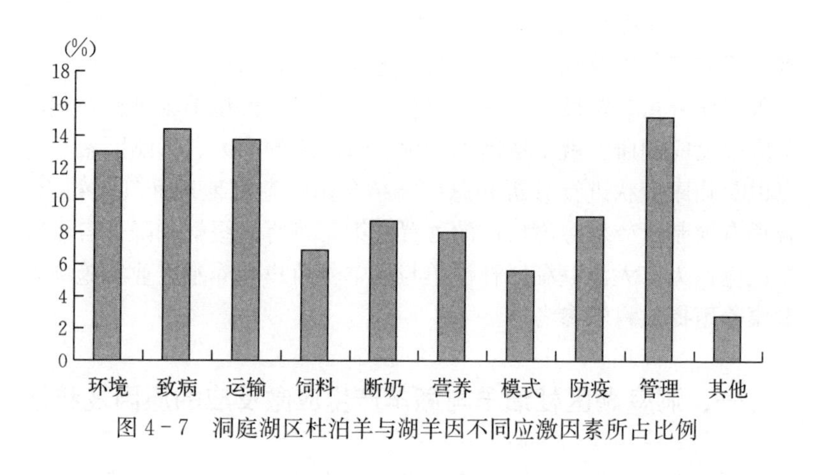


图 4－7　洞庭湖区杜泊羊与湖羊因不同应激因素所占比例

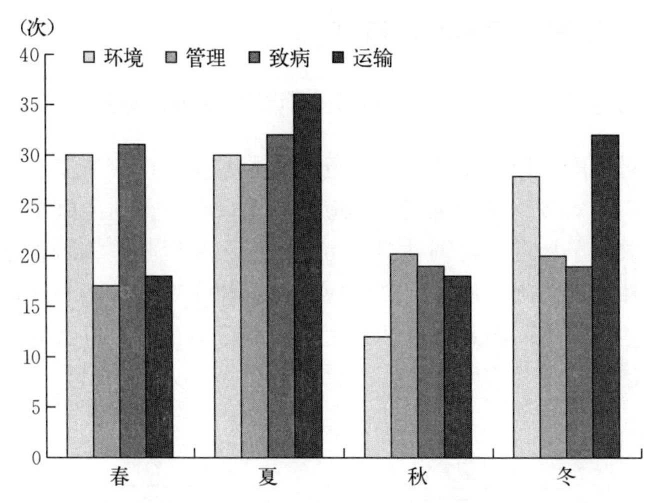


图 4-8　四种主要应激源在四季引起杜泊羊与湖羊应激反应的发生频率

## 二、应激反应的机制

应激反应是动物机体对受到体内及外界环境变化刺激时的一种适应性反应。应激反应受多种因素刺激而产生，包括物理因素、饲养性因素、外界的环境因素等。这些应激因素（或称“应激源”）刺激动物后，会给机体造成潜在危害，主要表现为动物精神委顿、食欲废绝、采食减少等临床症状。应激发生时，由于破坏了机体正常的能量代谢，体内的蛋白质、糖原、脂肪被大量调动，同时引起神经系统和内分泌系统的一系列变化，这些变化将重新调整机体的内环境平衡状态，以对抗和适应应激源。因此，强烈或时间较长的应激状态将造成机体适应能力被破坏或适应潜能的耗尽，最终会导致一些疾病或损伤的产生。应激反应的发生过程，其机制十分复杂，动物在应激状态下通过神经-内分泌系统几乎动员了所有的器官和组织应对刺激，机体通过极复杂的神经体液调节，保持体内生理生化过程协调与平衡，以建立新的稳恒态。

## 三、应激反应的应对措施

### （一）引起杜泊羊与湖羊应激的不同因素及处置对策

针对应激反应对动物产生的危害，养殖生产中应采取有效的防治措施，有效减少或避免应激反应的发生。对常德西洞庭湖周边两个中、大型羊场进行舍饲杜泊羊与湖羊应激反应相关调研和分析中发现，杜泊羊与湖羊出现应激反应的因素较多，在预防和处置应激反应时，针对不同因素采取和制定相应的应对措施，可有效减少和延缓舍饲杜泊羊与湖羊出现应激反应的频率，见图 4－9。

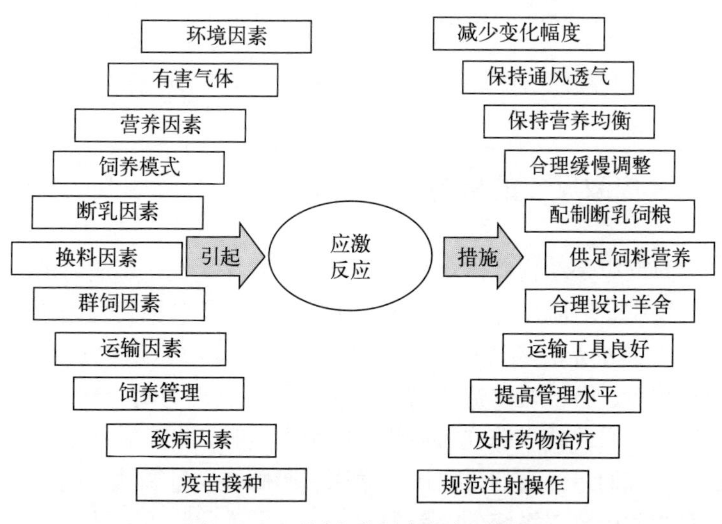

图 4－9　不同应激因素的应对措施

### （二）杜泊羊与湖羊在应激期易引发的疾病及应对措施

杜泊羊与湖羊出现应激反应后，易引发各类型疾病，而引发的疾病往往成为危害杜泊羊与湖羊健康生产最严重的因素之一，其特点为发病率高、危害性大。在调研中发现，舍饲条件下，杜泊羊与湖羊在应激期易发生感冒、口疮、传染性胸膜炎、传染性角膜炎和疥螨等疾病。不同季节杜泊羊与湖羊在应激期诱发各类疾病的频率见图4-10，其中，杜泊羊与湖羊在春季主要易患传染性胸膜炎、传染性角膜炎、羊口疮和感冒；夏季主要易诱发传染性角膜炎和口疮；秋季易得感冒；而冬季易患疥螨和传染性胸膜肺炎。对患病羊只立刻进行隔离，采取针对性的处理措施，防止病情扩散。不同季节杜泊羊与湖羊在应激期易患疾病及治疗方法见表4-1。

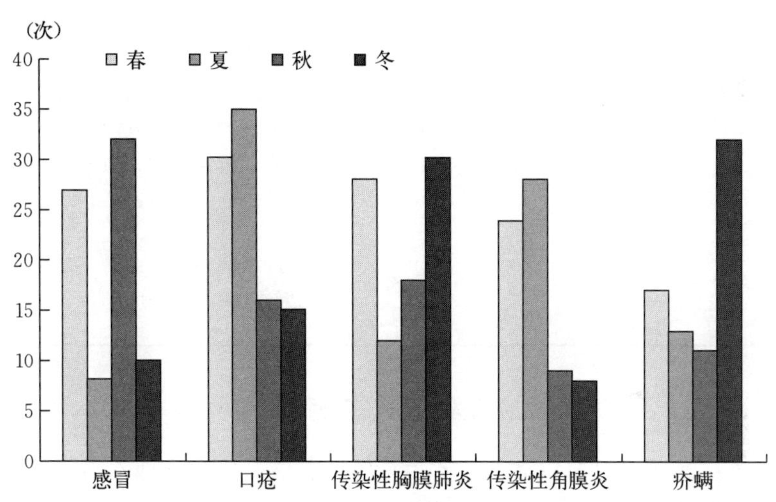


图4-10　不同季节杜泊羊与湖羊在应激期诱发各类疾病的发生频率

**表4-1　不同季节杜泊羊与湖羊在应激期易患疾病及中草药治疗方法**

| 疾病 | 流行特点 | 症状表现 | 配方及治疗 |
|---|---|---|---|
| 感冒 | 早春、初秋多发 | 体温升高，精神萎靡，食欲废绝，粪便干燥 | 配方：山棉茵、野菊花、一枝黄花、金银花各20g混合煎汁灌服，1次/d，连用两剂 |
| 口疮 | 春、夏季节群发性流行 | 嘴唇、鼻孔周围等处黏膜形成丘疹、水疱、脓疱，破溃后形成疣状厚痂 | 配方：金银花、野菊花、蒲公英、紫花地丁各20g，粉碎成末，混合玉米面灌服，1次/d，连用两剂 |

（续）

| 疾病 | 流行特点 | 症状表现 | 配方及治疗 |
| --- | --- | --- | --- |
| 传染性胸膜肺炎 | 春、冬季节地方性流行 | 体温升高，精神沉郁，食欲减退，气喘，湿咳，按压羊只胸壁表现敏感疼痛，听诊肺脏有湿性 | 配方：板蓝根 20 g、川贝 15 g、麦冬 15 g、冬花 15 g、连翘 15 g、陈皮 15 g、茯苓 15 g、甘草 10 g、鱼腥草 15 g、桑皮 20 g，每剂水煎 2 次，灌服，1 次/d，连用两剂 |
| 传染性角膜炎 | 传播迅速，春夏、地方性流行 | 眼结膜和角膜发生明显的炎症变化，伴有大量流泪，后发生角膜混浊或呈乳白色 | 配方：山栀 15 g、龙胆草 15 g、清箱子 15 g、决明子 15 g、生地 30 g、菊花 20 g、黄芩 10 g、黄连 10 g、薄荷 10 g、防风 10 g、密蒙花 15 g、甘草 10 g，用水煎两次，约 1 000 mL 混合，250 mL/只，灌服，1 次/d |
| 疥螨 | 春、冬季多发 | 患处皮肤奇痒、毛脱落、皮裂，后成痂皮变厚 | 配方：雄黄 10 g、白矾 20 g，研粉与松馏油 200 mL 调匀涂患处 |

### （三）不同应激反应阶段的应对措施

应激刺激可对羊体造成严重危害，若应激反应处理不当，羊只无法快速适应环境，轻则影响生长发育，重则引起羊只急性死亡。应激反应过程主要包括 3 个阶段：第 1 阶段为惊恐反应期，亦称动员期（总持续时间一般约 6～48 h），是动物受到应激源的刺激后机体的早期反应。杜泊羊与湖羊表现为体温升高 0.5 ℃左右，食欲不佳、精神萎靡、行动迟缓，机体抵抗力低于正常水平，症状较轻。第 2 阶段为抵抗期，该阶段机体克服了应激源的有害作用，新陈代谢趋于正常，机体抵抗力提高到正常水平以上。第 3 阶段为衰竭期，表现与惊恐反应期相似的症状，主要表现为感冒、咳嗽、流鼻涕、脱水、烂嘴、中暑、腹泻等症状。其反应程度急剧增强，生长发育减缓或停滞，免疫力减弱，严重时引起死亡。结合洞庭湖区地理和气候特点，在不同应激反应阶段采用不同的应对原则，可有效降低应激反应的发生频率和反应程度。在应激反应动员期，应立即消除或减缓应激源的刺激；在应激反应的抵抗期阶段，应尽可能快速提高杜泊羊与湖羊免疫水平；在应激反应的衰竭期，可依据所发生的应激反应症状对症治疗，减缓由应激刺激造成的损失。以下应对措施在各羊场采用后可有效缓解应激症状，效果明显，见表4-2。

**表4-2　湖区杜泊羊与湖羊不同应激反应阶段及其措施**

| 应激阶段 | 临床表现 | 处置原则 |
| --- | --- | --- |
| 动员期 | 体温升高0.5℃左右，食欲不佳、精神萎靡、行动迟缓，症状较轻 | 切断应激源，保证饲料新鲜、饮水充足、营养均衡，适当给予各类抗应激类药物 |
| 抵抗期 | 无明显临床症状 | 冬季保温，夏季防暑，加强饲养管理；通风换气，杜绝应激源刺激 |
| 衰竭期 | 消瘦、贫血，免疫力减弱，出现过敏反应，易引发各类疾病 | 加强日常管理，定期消毒，接种免疫，使用速补-14和复合VB混合饮水补糖补盐，对症治疗 |

目前，洞庭湖区杜泊羊与湖羊的舍饲养殖是较易推广的养殖模式。洞庭湖区夏季气温高、雨水多，冬季寒冷潮湿，环境因素对羊只影响较大，瘦弱、体质较差的肉羊及羔羊在青绿饲料不足、营养不良、抵抗力弱及天气突变的情况下，较易引发各类应激。此外，羊舍简陋、建设类型多样、防暑保温性能差、通风不良、粪尿滞留、圈舍内空气污浊潮湿等情况，也极易诱发各种应激刺激，常造成羊只消瘦、贫血甚至衰竭死亡。应激反应导致机体内环境紊乱，抵抗力大幅度降低，是引发机体疾病的主要因素。如何在养殖过程中避免应激，最大限度地消除应激源并在发生应激反应后科学应对，是湖区舍饲杜泊羊与湖羊养殖户需要思考和面对的现实问题。杜泊羊与湖羊的应激反应存在于饲养生产的各个环节，需要时时观察，处处留意，把握关键环节，采取有效措施，才能有效

减少或避免应激反应的发生。针对湖区羊场应激反应发生的特点，结合湖区生产实际，课题组指导洞庭湖区被调研的各型羊场采取积极有效的预防和应对措施，有效缓解和降低了各型应激反应，取得了明显的效果，值得国内各地杜泊羊与湖羊养殖场（户）借鉴和采纳。

## 第五节　一种便携式羊用灌药保定架的研制与应用效果

随着我国养羊业的快速发展和养殖规模的不断扩大，肉羊养殖已成为南方农村经济发展的重要产业。我国南方湖区独特的气候特点及养殖模式，使羊群与外界环境以及其他牲畜接触频繁，极易引发各类寄生虫病，导致肉羊寄生虫类疾病高发、多发，感染率和死亡率居高不下，且肉羊间交叉感染率较高。为了提高驱虫以及防控疫病的效果，养殖户会不断地加大化学类药物的使用剂量及投放频率。由于目前肉羊抓捕及保定技术手段有限，人工抓羊操作仍然是我国南方广大养殖场（户）今后长时期内灌药操作的主要方式。目前主要存在羊群应激反应大、工人劳动强调高、灌药操作效率低下等问题。针对目前肉羊灌药保定操作效率低、应激反应引起的羊只急性死亡等问题，急需设计一种羊用灌药保定器械用于实际生产。

针对南方肉羊寄生虫病多发、高发，以及抓羊灌药劳动强度大的特点，笔者设计制造了一种经济适用，便携、可升降、实用、轻便的羊用保定架，并已在部分羊场推广使用。从养殖企业和养殖户实际使用效果来看，这种羊用保定架既可确实有效地减少工人操作时的体力消耗，保证各品种肉羊灌服驱虫类药物、健胃药、抗生素类药物及灌胃操作的顺利进行，又可防止羊只挣扎乱动造成的不必要的误伤，收到了良好的效果，深受养殖企业和养殖户认可与好评。现将便携式肉羊灌药保定架的具体设计制作及操作方法做一介绍，为广大肉羊养殖户实施灌药保定操作提供可行性参考。

## 一、研究背景

化学药物驱虫一直是南方肉羊寄生虫病防治的有效手段。针对寄生虫病多发、高发的特点，养殖户一般长期且频繁使用化学药物进行驱虫。以100只肉羊平均每年2～3次驱虫计算，每年抓羊灌药的劳动强度非常大。肉羊目前的灌药保定操作主要是骑跨法，即保定人员骑胯在羊的肩部，用两腿用力夹住羊的颈部和肩部，同时用两手紧握羊的上下颌，将羊嘴掰开后灌服药物。此种方法由于肉羊挣扎，费力、费时、费药，尤其在南方闷热高温的季节抓羊工人劳动强度极大，由此引发的应激反应对羊体造成的危害十分严重，轻则影响生长发育，严重时甚至引起羊只急性死亡。目前，国内只有山羊手术保定架用于手术操作，还未见到相关用于肉羊灌药操作的保定器械（刘永斌等，2016）。由于肉羊养殖日常饲养灌药操作的次数和频率远远高于手术操作，因此，肉羊灌药操作时配备一个性能良好的保定器十分必要。既可以防止羊只挣扎乱动造成不必要的误伤，又可减少工人操作时的体力消耗，方便牧场巡诊医疗时使用。

## 二、设计方案与说明

便携式羊用灌药保定架的结构主要包括升降套管、弧形保定器和底座3部分。其主要技术指标为便携、可升降、结构简单、操作方便。可升降立柱和弧形保定器是保定架的核心部件。具体部件特点介绍如下：

### （一）底座

由前侧底座、后侧底座和铰接块组成，其中前侧底座、后侧底座分别与铰接块的两侧铰接。可升降立柱固定在铰接块上，使底座可折叠，方便移动与存放。前侧底座、后侧底座与每个可升降立柱之间均设有加固杆，使底座摆放更加稳固。保定架底座为三角铁做成的边框，底座与可升降套管垂直焊接，并用活动挂钩加固。保定架根据场地大小或羊只多少做成单边式或双边式（双边式见图4-11，单边式见图4-13）。

## （二）可升降立柱

两个可升降立柱固定在保定架的底座上。可升降套管由内外两层不锈钢管套叠组成，管径分别为4 cm和3 cm；内外两管都打有小孔，用螺钉插入内外两管间小孔固定，根据羊只高度和大小进行相应调节。两个可升降立柱之间设有横梁，横梁中间设有缺失部，在横梁缺失部悬挂有弧形保定器，见图4-11。

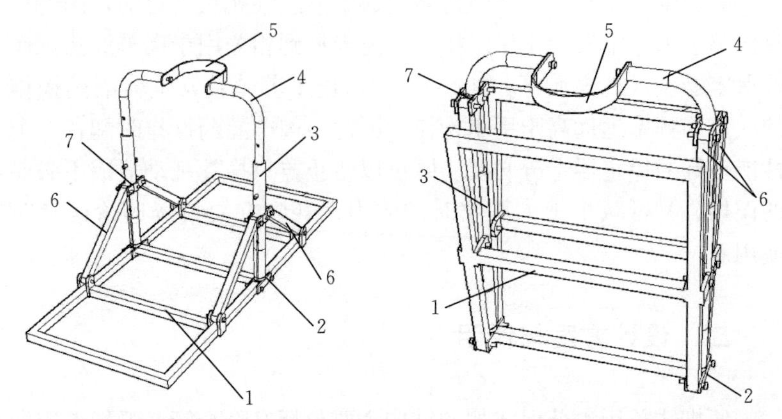


图4-11 便携式肉羊灌药保定架使用状态（左）与折叠状态（右）结构示意
1. 底座 2. 铰接块 3. 可升降立柱 4. 横梁 5. 弧形保定器 6. 加固杆 7. 滑套

## （三）弧形保定器

弧形保定器是根据羊头尺寸由钢筋弯制成活动式半圆环，是保定架的核心部件。弧形保定器的悬挂方式有两种：一是在半圆环两端钻孔，两端穿过横梁带有螺纹的悬挂杆并用螺母锁紧。二是通过在弧形保定器的两端设置与横梁平行的弹性接头，弧形保定器两端的弹性接头伸入管式横梁中，弧形保定器悬挂在可升降套管上方的横梁缺失处。钢筋半圆环外包一层橡胶管，可防止操作时对羊只脖颈皮肤造成损伤，参见图 4 - 13。

## 三、操作与使用方法

实施驱虫灌药操作时，操作人员右脚踩踏底座以固定保定架，把羊头拖拽到保定架的横梁处，旋转弧形保定器，将其套到羊头后方脖颈处，双手分别握住羊的上下颌，把羊头向高向后仰，羊会反射性地用力将身体向后倾斜，从而完成保定工作，省时省力。由于弧形保定器为活动式，如果采用双边式底座，肉羊灌药保定可进行双侧操作；如果采用单边式底座，肉羊灌药保定只可进行单侧操作，见图 4 - 13。保定完毕后，另一个操作人员即可实施灌药操作，传统现场灌药与保定操作对比见图 4 - 12 与图 4 - 13。灌药操作全部结束后，打开底座活动挂钩，对保定架进行折叠，可方便实施转场移动。

图 4 - 12　传统灌药操作示意

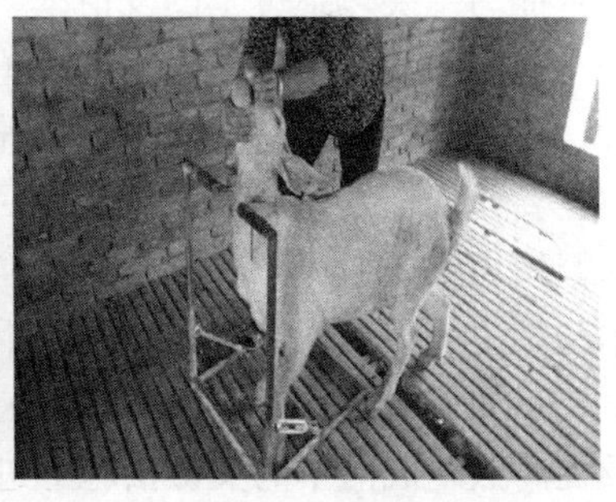

图 4 - 13　运用保定架现场保定操作示范

## 四、使用效果

相比现有技术，笔者设计制作的羊用灌药保定架具有结构简单、轻便、可折叠、便于运输与摆放、实际操作高效、劳动强度小等优点。利用羊被抓取抬高头部时，用力向后仰的正常生理反射特点研制的可旋转式弧形保定器，极具创新性和实用性。近年来，该保定架通过在洞庭湖区安乡县雄韬牧业有限公司、常德市深耕农牧有限公司等十多个养殖场（户）的实践，显著降低了实施灌药操作引发的羊只应激反应和死亡率，提高了灌服药物操作效率，有效减少了肉羊挣扎造成的误伤，保证了各类灌药操作的顺利进行，深受养殖企业和养殖户认可与好评。目前该保定架已获国家专利，今后还可应用到药物注射及绵羊剪毛保定的工作中，对指导和解决当前肉羊规模化、集约化健康养殖相关防疫保定问题具有重要的示范意义。

## 第六节　提高杜泊羊与湖羊繁殖力的技术措施

繁殖力是表示肉羊生殖机能的强弱和生育后代的能力。杜泊羊和湖羊作为多羔优良绵羊品种，其繁殖力直接影响到养殖经济效益，提高二者的繁殖力是规模化高效养殖的基础。杜泊羊与湖羊的繁殖能力主要包括母羊的发情率、受胎率、产仔数、断乳成活率及公羊精液品质等指标。影响杜泊羊与湖羊繁殖力的因素主要包括品种、遗传、环境、营养水平、饲养管理、年龄、胎次等。母羊繁殖力主要体现在发情周期、排卵数目、受精卵数和产仔数等，而公羊的繁殖力主要取决于公羊的配种能力、精液品质等。本节根据杜泊羊与湖羊的生物学特性，结合在洞庭湖区指导养殖生产实践经验，主要从如何提高杜泊羊和湖羊种公羊和种母羊繁殖力的技术措施以及提高羔羊成活率的关键措施等进行介绍。

### 一、提高杜泊羊与湖羊种公羊繁殖力的技术措施

#### （一）选择符合本品种体貌特征的种公羊

杜泊羊与湖羊种公羊的选择一般根据公羊的体型外貌进行选择，选择生长发育良好、性欲旺盛、体型高大、胸宽深、腿长与体

高比例适中、体躯紧凑、肌肉丰满紧实、生殖器官发育良好、睾丸左右对称的公羊进行留种。

### (二) 种公羊的饲养管理

良好的饲养管理是维持种公羊高繁殖力的重要举措。种公羊的饲养管理主要分为配种期和非配种期两个阶段。杜泊羊与湖羊种公羊应在 12 月龄以上时或者体重达到成年体重的 70%以上开始配种。非配种期的杜泊羊与湖羊种公羊的饲料应以草料为主，根据体况和膘情适当补饲精饲料，平时还应注意补充日常所需的蛋白质、矿物质和维生素，使种公羊保持正常体况和中等膘情。配种期种公羊的饲养管理要点是补饲精饲料以维持旺盛性欲并保证精液品质的优良；加强运动以保证良好体况，每日运动时间以 4～6 h 为宜。一般配种前 1 个月，杜泊羊与湖羊种公羊应每日补饲全价配合精饲料 0.5 kg，同时饲喂青绿多汁饲料 1～1.5 kg。配种季节除保证上述精饲料外还需每日补饲 1～2 枚鸡蛋。舍饲的杜泊羊与湖羊种公羊在非配种季节应单独放牧管理；配种季节一般 1 只种公羊可负责 30～50 只母羊的配种任务。对于新引入的杜泊羊与湖羊种公羊宜采用自然交配的方式进行配种，饲养 2～3 年适应当地环境后可采用人工授精的方式，以提高种公羊的利用率。

### (三) 定期检查精液质量，淘汰不良种公羊

种公羊精液品质直接关系到母羊的受胎率和产羔率。对于初配的青年种公羊每天可采精 1～2 次，成年种公羊每天可采精 3～4 次。种公羊配种前 1 个月应采精检查精液品质，主要检查精液的气味、颜色、pH、射精量、精子活力和精子密度等指标。对于上述指标检测不合格的种公羊要通过调控营养、提高运动量、加强饲养管理等方法进行改善，2 个月后再次进行精液质量检查，如果仍得不到改善，应对其进行淘汰处理。对于生长发育不良、性欲低下、超过使用年限的种公羊也要及时地淘汰，以提高整个种公羊群体的繁殖力，降低饲养成本。

### （四）加强疾病的防控

加强种公羊疾病的预防工作是提高其使用年限和提高整个种公羊群体繁殖力的重要举措。平时应加强圈舍的清扫，保持通风良好，减少病原微生物的滋生。每年春秋两季应做好体内外的驱虫工作，保持种公羊良好的体况。根据当地以及羊场疫病的流行情况科学合理制订免疫和防疫计划，保证按时接种疫苗，防止传染病的发生。尤其注意布鲁氏菌病等严重影响种公羊繁殖力的繁殖疾病的防控，有条件的羊场可采用人工授精的方式使母羊受孕，以减少通过配种导致某些疾病的传播。羊场应定期消毒，建议夏季每周消毒 1 次，冬季每月消毒 1 次。

## 二、提高杜泊羊与湖羊繁殖母羊繁殖力的技术措施

### （一）优秀母羊的留选

杜泊羊与湖羊繁殖母羊应具备本品种的体貌特征。一般选择体型较大、丰满紧凑、四肢粗壮、生殖器官及乳房发育良好、母性好、生长快的留作种用。实践证明，4～5 岁时期的杜泊羊与湖羊母羊双羔率较高，选留生产双羔或多羔的母羊及其后代母羊，以及头胎产双羔和前三胎产多羔的母羊作为种母羊，能有效提高母羊的繁殖力。

### （二）提高适繁母羊的数量

提高适龄繁殖母羊在羊群中的比例是羊群扩繁的基础。适时淘汰老、弱、病、残和繁殖力低下的母羊，及时补充优秀后备母羊是羊群繁殖性能发挥的有利保证。一般杜泊羊与湖羊繁殖母羊比例应以达到羊群数量的 65％～70％为宜，其中 1.5～4 岁的适繁母羊应占 50％左右，可有效提高羊群的产羔率。

### （三）羔羊适时断乳，促进母羊发情

促进杜泊羊与湖羊母羊发情、排卵、参与配种，缩短产羔间隔

是提高母羊繁殖力的又一举措。适时实施羔羊早期断乳是生产中促进母羊发情的主要有效方式。羔羊早期断乳可尽早恢复哺乳母羊卵巢的性周期活动，促进卵子的发育、成熟并最终排卵发情。羔羊断乳时间应根据实际生产需要、哺乳羔羊的体况、膘情来确定。羔羊断乳时间不宜过早，否则羔羊成活率低。杜泊羊与湖羊羔羊在2.5～3月龄断乳为宜。母羊在断乳后如果没有出现明显发情表现，应找出具体原因后通过补饲、治疗等手段恢复其发情周期，提高母羊的繁殖力。

### （四）适时配种与多次配种

杜泊羊与湖羊属于早熟和多次发情绵羊品种，一般6月龄左右达到初情期，母羊适配年龄在8～9月龄。适宜繁殖母羊的初配年龄对于杜泊羊与湖羊后代体质和生产性能至关重要。如果母羊配种过早，不仅影响产羔率和羔羊育成率，还会影响母羊本身生长发育及以后的繁殖力；如果母羊配种过晚可直接导致受胎率和多羔率的下降。对于杜泊羊与湖羊初配母羊选择在第2～3个发情期安排配种，可以有效提高母羊的双羔率和繁殖力。杜泊羊与湖羊适繁母羊发情持续期较短，最佳配种时机的把握对于配种成功率非常重要，如果错过情期，则直接影响产羔率进而导致繁殖力的下降。实践证明，在配种季节开始后1～2个发情期实施繁殖母羊配种的受胎率最高。采用重复交配和多次输精，可以显著提高杜泊羊与湖羊的产羔率。对于断乳后母羊的发情可选用试情公羊来辨别，断乳后发情母羊进行1～2次交配可提高受胎率。

### （五）繁殖季节补饲

研究表明，杜泊羊与湖羊繁殖母羊在配种季节、妊娠期及哺乳期进行补饲（如补饲富含蛋白质、维生素、矿物质的精饲料），提高母羊的营养水平及膘情体况对排卵、发情、配种及羔羊成活率起着关键性作用。在空怀期补饲抓膘；发情、排卵、配种期减少应激；妊娠后期和哺乳前期补饲含蛋白质较高的精饲料，供应洁净、水温适宜的饮水。补饲应以少给勤添、不喂霉烂有毒草料为原则。

### （六）应用繁殖技术

目前常用的能促进母羊发情、排卵、受孕的繁殖技术主要包括同期发情、超数排卵、激素发情调控、人工授精等。激素发情调控的主要原理是通过孕酮埋植和孕马血清等激素注射，诱发母羊发情配种，以缩短产羔间隔。人工授精是通过采精、精液品质检查等操作，利用输精器械将合格公羊精子输送到发情母羊体内而受胎的技术。人工授精能充分利用种公羊的繁殖潜力，提高舍饲羊群的生产力，有效防止因自然交配而引发的生殖器官疾病，同时克服因公母羊体重差异悬殊而引发的交配困难。采用人工授精可明显减少母羊空怀率，进而提高公母羊的繁殖力。

## 三、提高杜泊羊与湖羊羔羊成活率的关键措施

### （一）做好母羊接产，防止难产

杜泊羊与湖羊母羊妊娠期为 150 d 左右，通过预产期的推算，使产前母羊提前 1 周进入产房。产房应提前 1 周彻底清扫消毒，铺上垫草，保持舍温在 10 ℃ 以上。产科绳、剪刀等接产器具应清洗消毒后备用。母羊临产前应将外阴部、尾根及肛门部洗净消毒。羔羊产出后要断脐、消毒，以防止感染。对于产双羔或三羔的母羊要密切注意母羊体力和产道情况，如遇到难产应及时助产。对假死羔羊要及时施救，清除呼吸道内的胎水和黏液，保持呼吸通畅。羔羊产出后要注意保温，尽快让母羊将羔羊身上的胎水和黏液舔舐干净，防止感冒。

### （二）精心护理羔羊

羔羊出生后可诱导母羊舔羔，同时加强对弱羔的护理，保证羔羊及时吃足初乳，增强免疫力的同时确立母子关系。母羊乳汁不足时，需另找母羊代哺或实行人工哺乳。哺乳后期对羔羊适时早期断

乳，提早诱食草料，锻炼羔羊胃肠消化机能。杜泊羊与湖羊羔羊在2.5～3月龄实施断乳较为合适，同时应做好断乳羔羊的防疫工作，保证成活率。

### （三）杜泊羊与湖羊羔羊补饲精饲料要点

补饲是实现舍饲养殖的前提，是加快杜泊羊与湖羊羔羊生长速度的重要措施，可有效缩短饲养周期，增加养羊效益（祁敏丽等，2015）。目前国内外关于早期断乳羔羊补饲方面的研究主要集中在提高增重、饲料转化率、消化率以及对复胃发育影响等方面。周泽英等对舍饲条件下2月龄羔羊补饲以玉米、麦麸、豆饼、食盐、骨粉等为配方组成的精饲料增重效果显著（周泽英等，2013）。杨彬彬等研究了精饲料补饲对早期断乳羔羊复胃发育的影响后证明，精饲料补饲可加快早期断乳羔羊复胃的发育，可增大瘤胃乳头宽度，提高羔羊复胃重（杨彬彬等，2010）。实践证明，在舍饲条件下，杜泊羊与湖羊羔羊补饲以玉米、麦麸、食盐组成的精饲料，同时搭配青贮玉米饲喂效果较好，可明显促进羔羊日增重。补饲时应少给勤添，麸皮在精饲料中的添加比例不宜过大，以5%～8%为好，添加过多会造成羔羊腹泻。

# 第五章 羊粪的无害化处理与资源化利用

深入了解洞庭湖区羊粪资源化利用的现状、途径、模式以及存在的问题可有效促进洞庭湖区有机生态肉羊健康生产的良性循环和可持续发展。由于目前羊粪利用技术有限，堆肥腐熟发酵仍然是洞庭湖区肉羊养殖业今后长期内粪尿处理的常用和主要方式（薛智勇等，2002；柯英等，2012）。当前羊粪堆肥发酵影响因素较难控制，主要存在堆肥腐熟时间长、有害气体释放多、二次污染严重及效率低下等问题（张鸣等，2010）。羊粪资源利用和环境污染已成为制约洞庭湖区生态环境保护与肉羊养殖业可持续发展的瓶颈（成钢等，2014）。洞庭湖区羊粪资源化利用潜力巨大，根据现有条件与自身养殖特色，不同规模养殖场可采用不同的利用方式，探索与构建适合当地资源化利用的模式，对指导和解决当前及今后洞庭湖区羊粪资源立体综合利用具有重要的示范与现实意义。本章主要从洞庭湖区羊粪资源化利用现状与技术，近年来在羊粪无害化处理与利用方面展开的相关研究，如羊粪中添加蚯蚓粪腐熟发酵效果、蚯蚓粪与羊粪中高效促腐微生物的分离与筛选，以及洞庭湖区羊粪新型生态堆肥模式及应用等几个方面进行介绍，为洞庭湖区杜泊羊与湖羊生态健康养殖提供科学依据与可行性参考。

## 第一节　洞庭湖区羊粪资源化利用现状与技术探讨

促进肉羊粪尿资源化利用对实现洞庭湖区生态环境保护及肉羊养殖生产可持续发展具有重要意义。为了加快和拓宽羊粪无害化处理与资源化利用进程与渠道，笔者针对洞庭湖区养殖场（户）养殖与经营特点，结合近年来实践经验与科研成果，对洞庭湖区羊粪资源化利用现状与主要处理技术手段进行比较，分析羊粪有机肥生产与养殖蚯蚓饲料化利用的科学性与可行性，从羊粪高效利用以及增收创收的角度提出合理化建议，为今后生态型循环健康养殖模式的有效衔接和拓展、构建湖区特色循环经济以及羊粪高效生物有机肥的研发提供参考。

## 一、洞庭湖区肉羊粪尿环境负荷与污染现状

洞庭湖区水草丰茂，是养殖肉羊的优质天然牧场和生态养殖基地，近年来随着养殖业的快速发展，肉羊存栏量大幅增加，粪尿污染日益严重。肉羊排泄物成分较复杂，与品种、体重、生理状态、饲料组成等有关，除含有多种营养元素外，还含有较多有毒有害物质、病原微生物和寄生虫卵。杜泊羊与湖羊每只日排粪2.0～2.5 kg，每只每年产粪700～800 kg，中等规模的肉羊养殖场（300只羊）每年可产羊粪200 t。排放到环境中的粪尿一部分被降解，另一部分可能会随着雨水冲刷、渗滤等途径进入地表水和土壤环境中，对水体和土壤污染较严重，直接威胁人畜健康（张树清等，2005）。洞庭湖区是我国日本血吸虫病的重灾区，而采用放牧饲养的肉羊是日本血吸虫的适宜宿主。羊有边走边排粪的习惯，带有血吸虫卵的粪便排放到有螺草洲会大面积污染放牧草场，是湖沼型地区血吸虫病主要传染源。2004年以来，虽然洞庭湖区推行“围栏封洲、封洲禁牧”等措施，但养殖户历来有在血吸虫病流行的江湖洲滩放牧养殖的习惯，导致该地区面源污染加重，羊感染机会增多（曲国立等，2016）。目前针对肉羊粪尿缺乏有效的管理和处理应用技术，羊粪的无害化和资源化高效利用已成为现阶段洞庭湖区农村环境保护工作重大而紧迫的任务，也是肉羊养殖业可持续发展急需解决的突出问题。

## 二、洞庭湖区羊粪资源化利用现状与问题分析

### （一）羊粪无害化和资源化的区别与内涵

羊粪无害化处理和资源化利用是根据不同的目的、角度、工艺与标准实施的技术手段，无害化是资源化利用的前提和保证，资源化利用又是无害化处理的升级与拓展，两者既有重叠又有区别。羊粪无害化处理也称羊粪安全化处理，即利用高温、发酵等手段将羊粪中的生物性或化学性有害物质进行无害化处理，实现人畜和环境安全；羊粪资源化利用即羊粪再利用，主要通过沼气利用、有机肥生产等技术途径达到生态循环利用、变废为宝的目的，产生良好的生态、经济和社会效益。

### （二）洞庭湖区羊粪资源化利用的主要技术方向及面临的问题

**1. 沼气利用** 羊粪作为重要的可再利用资源在洞庭湖区有着广泛的分布和巨大的产量。近年来国家对具有一定养殖规模的养殖场（户）出台了一系列鼓励和财政补贴政策，使羊粪沼气利用在新形势下得以稳步发展。通过厌氧发酵制取沼气是目前洞庭湖区肉羊养殖场（户）最常用的羊粪资源化和能源化利用形式。国家统计局数据显示，2012 年湖南省肉羊养殖量已超过 500 万只，羊粪产生量为 366 万 t。新鲜羊粪中总氮含量较高，高含氮量有利于厌氧发酵，因此羊粪沼气化利用具有极大的发展潜力（耿维等，2013），羊粪沼气化不仅可以改善洞庭湖区能源结构，减少能源消费支出，还可以有效减少臭气、温室气体排放，杀灭虫卵和病原微生物，有效缓解日益严重的环境污染，而且沼渣、沼液还可作为高效有机肥进一步利用。虽然沼气化既能合理利用羊粪，又能防止环境污染，是目前洞庭湖区规模化羊场综合利用粪污的最好形式之一，但在实施过程中仍存在较多问题。由于厌氧发酵工艺水平较低，在发酵过程中羊粪不易下沉，容易漂浮在发酵液表面，不易分解；发酵原料单一，羊粪的沼气产量不高；沼液、沼渣处理需要较多人力且养殖

场（户）缺乏积极性等因素导致目前的羊粪沼气综合利用水平整体较低。部分地区还存在发酵池建设质量差、使用年限短等问题。相信随着厌氧消化工艺技术的不断改进和传统养殖方式的转变，在不远的将来可实现羊粪的集约化沼气生产。

**2. 肥料利用**　对我国20个省（市）畜禽粪便的养分含量进行测定后发现，羊粪中含有丰富的营养物质和矿物质元素，其中氮、磷、钾、锌、铜平均含量分别为1.31%、1.03%、2.40%、0.008 89%、0.002 35%，新鲜羊粪中总氮含量略高于牛粪和猪粪，是一种可被种植业和畜牧养殖业利用的有价值资源（李书田等，2009）。洞庭湖区羊粪资源的肥料化利用主要包括传统的堆制有机肥和生产生物有机肥两方面。堆肥发酵具有所需成本低、无害化程度高、腐熟效果好、处理能力大等优点，是洞庭湖区今后长时期内养殖业粪便处理常用和主要的形式（薛智勇等，2002；柯英等，2012）。但是影响羊粪腐熟发酵的因素较难控制，堆制有机肥目前主要存在羊粪生产与储存不集中、堆制作业不专业、堆肥地点不固定、操作技术不规范、堆肥腐熟时间较长、有害气体释放较多、二次污染严重、堆肥效率低下、羊粪中有机质损耗严重等问题。而生物有机肥则利用羊粪中的有机质和营养元素并通过干燥、前期发酵、二次发酵、打条翻堆、添加不同比例的化学肥料等技术工艺处理后，使羊粪转化成性质稳定的高效有机肥；也可根据不同作物营养需求制成不同种类的复合肥。生物有机肥可以提高土壤有机质含量，促进农作物增产、增收，可解决羊粪运输、使用与储存不便的问题，具有良好的生态、经济和社会效益，为羊粪资源的开发利用开辟了广阔空间。目前洞庭湖区缺乏大规模生产羊粪生物有机肥的企业，其主要原因是：肉羊养殖主要以放牧为主，一般养殖规模较小，粪尿主要排放在野外，羊粪收集存在一定困难；羊粪中有机物分解缓慢，堆肥周期较长，羊粪腐熟发酵影响因素较难控制，且一般采用露天作业，发酵过程中产生的臭气造成二次污染严重，而且碳和氮元素损失严重，导致肥效低；投资建厂设备成本高，人工操作如运输、翻堆、打条成本高，缺乏羊粪腐熟发酵专用微生物制剂等。

**3. 羊粪养殖蚯蚓饲料化利用** 利用畜禽粪便养殖蚯蚓具有周期短、见效快的优点，既能作为饲料提供动物蛋白质，又能达到处理粪便的目的。为了加快和拓宽羊粪无害化处理与资源化利用的进程与渠道，笔者通过不同畜禽粪便基料配比进行蚯蚓养殖试验，进一步确定牛粪、鸡粪、猪粪与羊粪合理配比进行“大平 3 号”蚯蚓养殖的可行性，并进行相关的大田养殖试验（成钢等，2015）。结果表明，羊粪经发酵后养殖蚯蚓无论生长速度还是繁殖指标与牛粪差异均不显著，采用发酵腐熟后的肉羊粪便配制基料养殖蚯蚓，结果蚯蚓采食量大，排粪多，繁殖快，逃逸少，适应性强，非常适合中小规模肉羊养殖场。在养殖过程中，露天养殖应选择排水良好的地块，将地面整平，利用漏粪地板收集羊粪，经 1 个月左右腐熟发酵后，将羊粪堆成宽为 100 cm、高度为 15～20 cm、间距为 100 cm 的蚯蚓饲养床，堆床长度根据饲养规模自行调整。堆床浇透 2 次水，基料湿度达到 60%左右时下“大平 3 号”种蚯蚓进行养殖，下种密度为 100 kg/亩或 3 000～5 000 条/$m^2$。蚓茧 15 d 左右孵化，2 个月左右成熟，生长旺季为春、秋两季，蚯蚓生长到 100 d 后生长减慢，注意定期收获和加料。夏季保持基料湿润，可在条堆上铺 10 cm 左右厚的稻草。冬季搭建大棚后较露天养殖产量提高 15%～30%。通过蚯蚓养殖年消耗羊粪 30 t/亩，年产鲜蚓300 kg/亩，年产蚯蚓粪 20 t/亩，蚓粪可作肥料使用。利用羊粪进行蚯蚓养殖拓宽了羊粪资源化利用的深度和广度，对构建种养结合立体养殖模式和改善洞庭湖区生态环境、创建生态种养产业、发展具有洞庭湖区特色的循环经济具有示范作用。

**4. 羊粪食用菌栽培基料利用** 栽培基料是食用菌生产必备要素，羊粪中氮、磷、钾及微量元素含量丰富，质地疏松，具有较高的开发潜力。利用羊粪资源探索适合不同食用菌品种栽培需求的基料配方，对推进羊粪资源化利用具有现实意义。笔者在常规基料配方组成基础上，将羊粪作为平菇栽培基料主要添加成分，观察平菇在不同基料配方中的菌丝生长状态及出菇情况（成钢等，2015）。结果显示，在平菇基料中添加适量羊粪后平菇菌丝生长加快，菌丝形态较好，表明添加羊粪能加快平菇子实体的生长，进一步确定了在常规平菇栽培基料中添加羊粪的可行性。羊粪营养成分较复杂，添加到食用菌栽培基料中可起到较好的营养调控作用，对食用菌出菇次数和品质有较好的促进作用。此外，羊粪廉价易得，可利用羊粪、羊粪发酵制沼后的沼渣、羊粪养殖蚯蚓后的蚯蚓粪大规模发展食用菌栽培，促进羊粪资源高效、科学合理利用，提高羊粪利用率，降低养殖成本，增加养殖收益，促进具有洞庭湖区特色种养结合生态型循环经济的发展。

## 三、洞庭湖区羊粪资源化利用前景

实现养殖排泄物的零排放及羊粪无害化处理与综合利用是建立节约型小康社会的前提，也是实现洞庭湖区肉羊养殖业可持续发展的根本途径（李吉进等，2004）。近年来，随着国家乡村振兴战略的实施和畜禽养殖业粪尿排放与治理相关政策的出台，洞庭湖区多数养殖场着手利用多种技术和途径对养殖业粪污进行减量减排与资源化利用。规模化和集约化是我国养殖业发展的必然趋势。目前粪便资源主要以猪粪、牛粪、鸡粪利用为主，羊粪由于产量少、分布散等原因多年来一直未受到足够重视。目前羊粪处理普遍采用较为单一的处理技术，导致粪便利用率低，亟须解决的问题较多。随着洞庭湖区养殖污染的加剧，对于羊粪这种可利用资源可将现有的资源化利用技术进行科学组合和综合利用，通过不同规模养殖场采用不同资源化利用方式或者构建种养结合方式实现羊粪立体综合循环利用，从而有效解决肉羊养殖业环境污染问题。此外，肥料化利用、沼气利用是洞庭湖区目前羊粪资源化利用的主要方式，而蚯蚓养殖与食用菌栽培基料利用是羊粪资源化利用的新途径。虽然湖区规模化、集约化养殖场数量较少，但大多数养殖场已普遍采用漏缝地板，为羊粪收集和进一步利用提供了可能。针对洞庭湖区养殖场（户）目前养殖与经营的特点，结合近年来实践经验，养殖场通过肉羊饲养—羊粪收集—蚯蚓养殖—蚯蚓与蚯蚓粪利用等环节构建

“羊—蚓—鱼—禽”生态型循环模式，减少了养殖面源污染，有效延长了养殖经济链，实现养殖效益、社会效益及环境效益和谐共赢。实践证明，该循环模式是一种高效环保、种养紧密结合、切实可行的生态健康养殖实用技术，通过羊粪资源的多级利用减少了因粪尿污染造成的传染性疾病及寄生虫病的暴发和流行，不仅降低了用药成本，而且羊粪就地利用节约了运输费用，实现羊、蚓、鱼、禽搭配养殖，有效提高了单位面积内的养殖密度以及有机羊、蚓、鱼、禽的产量与质量，促进了农民增收。相信“羊—蚓—鱼—禽”生态型循环模式的应用与推广，在推动粪便污染治理、生态健康养殖、清洁能源利用和实现农民增收及农村可持续发展等方面将取得更大更广泛的效益。“羊—蚓—鱼—禽”生态型循环模式中可产生大量蚯蚓粪，为了进一步利用蚯蚓粪中的有益微生物，课题组展开蚯蚓粪对羊粪促腐除臭相关研究，具体研究内容与结果详见本章第二节至第四节。

## 第二节　蚯蚓粪对不同畜禽粪便除臭效应

近年来，我国集约化畜禽养殖日益发展，畜禽粪尿排泄量不断增加，简单的处理不仅污染环境又浪费了资源。节能减排与畜禽粪便无害化处理和资源化利用已成为当前农村畜牧养殖业经济实现可持续发展的永恒主题（姚升等，2016）。蚯蚓粪是蚯蚓消化分解有机废弃物产生的具有较高孔隙率的颗粒状物质，富含大量微生物，对臭气物质具有一定的吸附和净化功能（姜桂苗等，2011；宋艳晶等，2008）。为了充分利用蚯蚓粪特质以及蚯蚓粪中天然微生物群落吸除粪便中的有害气体，提高蚯蚓粪利用率，课题组比较分析了添加不同比例的蚯蚓粪对羊粪、牛粪、猪粪和鸡粪 4 种粪便中氨和硫化氢的除臭效果，从畜禽粪便无害化处理与高效利用及增收创收的角度，为今后洞庭湖区杜泊羊与湖羊生态型循环健康养殖模式的有效衔接和拓展，以及生物除臭剂的研发提供科学依据和可行性参考。

## 一、材料

试验用新鲜蚯蚓粪、羊粪、牛粪、猪粪和鸡粪由安乡县雄韬牧业有限公司提供；氯化铵、无氨水、酒石酸钾钠、0.005 mol/L 硫酸溶液、氢氧化钠溶液、乙酸锌、重铬酸钾、无水碳酸钠、硫代硫酸钠、碘、碘化钾、乙醇、盐酸、氢氧化钾、碘、活性炭等购置于湖南林志仪器设备有限公司。

## 二、方法

### （一）粪便常规理化测定方法

粪便常规理化性质测定主要包括含水量、pH、氮（N）、磷（$P_2O_5$）、钾（$K_2O$）的含量，以及细菌、真菌、放线菌数量等。其中含水率的测定方法为：准确称取适量样品于烧杯中，在（105±2)℃的烘箱中烘至恒重，根据烘干前后样品的质量变化计算含水率。有机质测定采用重铬酸钾法，挥发性氮含量测定采用纳氏试剂比色法，磷含量测定采用钼锑抗比色法，钾含量测定采用氢氧化钠熔融-火焰光度法，pH 采用 pH 计直接测定，细菌、放线菌、真菌含量测定利用常规土壤微生物的纯系分离法进行。

### （二）瓶装粪便发酵有害气体收集法

试验采用瓶装发酵法对 4 种畜禽粪便进行处理，即分别称取适量羊粪、牛粪、猪粪和鸡粪 4 种新鲜粪便，在每种粪便中分别添加 5%、10%、15%的新鲜蚯蚓粪，混匀搅拌后分别装入 550 mL 矿泉水瓶中，旋紧瓶盖，每种比例重复制作 3 瓶，每瓶 200 g，以添加等量比例的锯末、活性炭为阳性对照，以不添加任何辅料的新鲜羊粪、牛粪、猪粪和鸡粪为空白性对照，共计 180 瓶。在（20±3)℃条件下，每隔 3 d 用 50 mL 注射器从各瓶中抽取 50 mL 气体用于氨和硫化氢浓度测定。

### （三）纳氏试剂分光光度法测定粪便中氨含量

按照常规纳氏试剂分光光度法绘制标准曲线，分别在180个试验瓶中用注射器抽取50 mL气体慢慢注入盛有80 mL的0.005 mol/L硫酸吸收液反应瓶中，让其吸收后，移取10 mL待测液于25 mL具塞比色管中，加入0.5 mL酒石酸钾钠溶液混匀，再加0.5 mL纳氏试剂混匀，放置10～15 min后，以空白无氨水作为空白对照，在420 nm波长下利用分光光度计测定溶液吸光度，计算氨含量（王余萍等，2016）。

### （四）碘量法测定粪便中硫化氢含量

碘量法是测量粪便中硫化氢的一种常用方法。在吸收管中加入20 mL乙酸锌吸收液，并匀速抽气于吸收管中，待沉淀生成后，在吸收液中加入20 mL碘标准溶液、10 mL 50%的盐酸溶液，摇匀。暗处放置5 min后，用少量水冲洗管壁，用硫代硫酸钠滴定至淡黄色时，加入1 mL 1%淀粉指示剂，继续滴定至蓝色刚好消失，记录用量，计算硫化氢含量（张子龙等，2012；王学平等，2012）。

### （五）除臭率计算

当天除臭率＝[（空白对照氨或硫化氢浓度－当天各试验瓶中氨或硫化氢浓度）/空白对照氨或硫化氢浓度]×100%

总除臭率＝[空白对照7 d氨或硫化氢总浓度－（1 d＋3 d＋5 d＋7 d氨或硫化氢浓度）/空白对照7 d氨或硫化氢总浓度]×100%

### （六）数据分析方法

试验数据采用Microsoft Excel 2010软件对数据进行整处理，用SPSS22.0统计软件进行相关性分析显著性检验。

# 三、结果与分析

## （一）粪便常规理化测定结果

试验对蚯蚓粪和4种畜禽粪便常规理化性质及成分含量进行比较，4种粪便按含水率由高到低的顺序排列依次为牛粪、猪粪、羊粪和鸡粪。蚯蚓粪的pH偏中性，牛粪、羊粪、猪粪、鸡粪的pH均偏碱性；蚯蚓粪中有机质的含量略低于鸡粪和羊粪；鸡粪中氮含量最高，磷、钾的含量在猪粪中最高，蚯蚓粪及其他几种粪便中均含有大量的微生物，见表5-1。

**表5-1　蚯蚓粪及四类畜禽粪便理化性质比较**

| 种类 | 含水率（%） | 有机质（%） | 直径（mm） | N（%） | $P_2O_5$（%） | $K_2O$（%） | pH | 微生物 | |
|---|---|---|---|---|---|---|---|---|---|
| | | | | | | | | 种类 | 数量（个/g） |
| 羊粪 | 64.8 | ≤31.7 | 11～16 | ≤1.60 | ≤1.35 | ≤1.39 | 8.739 | 细菌 | $9.15\times10^{11}$ |
| | | | | | | | | 真菌 | $9.43\times10^{5}$ |
| | | | | | | | | 放线菌 | $2.86\times10^{6}$ |
| 猪粪 | 71.6 | ≤25.2 | 1.6～2.8 | ≤2.62 | ≤2.89 | ≤1.89 | 7.707 | 细菌 | $1.08\times10^{12}$ |
| | | | | | | | | 真菌 | $2.83\times10^{5}$ |
| | | | | | | | | 放线菌 | $9.56\times10^{6}$ |
| 牛粪 | 78.5 | ≤20.3 | 2.2～2.8 | ≤1.70 | ≤1.62 | ≤1.72 | 8.304 | 细菌 | $2.97\times10^{12}$ |
| | | | | | | | | 真菌 | $7.73\times10^{5}$ |
| | | | | | | | | 放线菌 | $2.45\times10^{7}$ |
| 鸡粪 | 50.1 | ≤25.5 | 0.5～0.7 | ≤2.83 | ≤2.45 | ≤1.74 | 8.326 | 细菌 | $6.25\times10^{12}$ |
| | | | | | | | | 真菌 | $6.68\times10^{5}$ |
| | | | | | | | | 放线菌 | $1.00\times10^{6}$ |
| 蚯蚓粪 | 68.4 | ≤25.4 | 0.5～1.3 | ≤0.26 | ≤0.36 | ≤0.34 | 6.733 | 细菌 | $1.83\times10^{9}$ |
| | | | | | | | | 真菌 | $5\times10^{6}$ |
| | | | | | | | | 放线菌 | $2.15\times10^{6}$ |

## （二）蚓粪对各类粪便中氨除臭效果

与空白对照相比，添加不同比例的蚯蚓粪对 4 种畜禽粪便在不同发酵阶段中的氨均有明显的去除效果（$P<0.05$），其对氨去除率与阳性对照活性炭和锯末效果相当，且随着蚯蚓粪添加量的增加除氨效果增强（图 5－1 至图 5－4）；牛粪中添加 15％蚯蚓粪后 1～7 d，对氨的去除率高于相同处理的羊粪、猪粪和鸡粪。

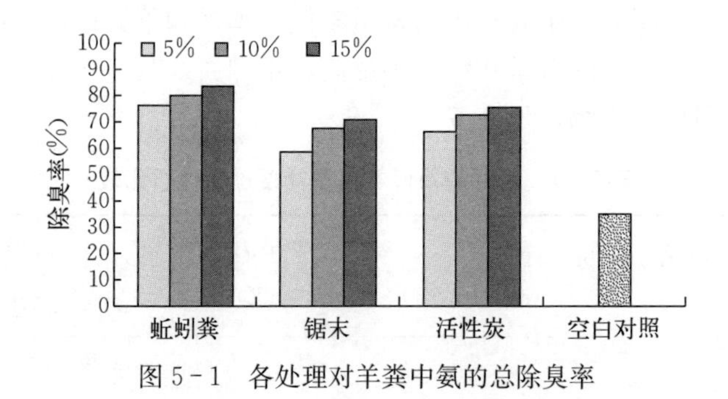

图 5－1　各处理对羊粪中氨的总除臭率

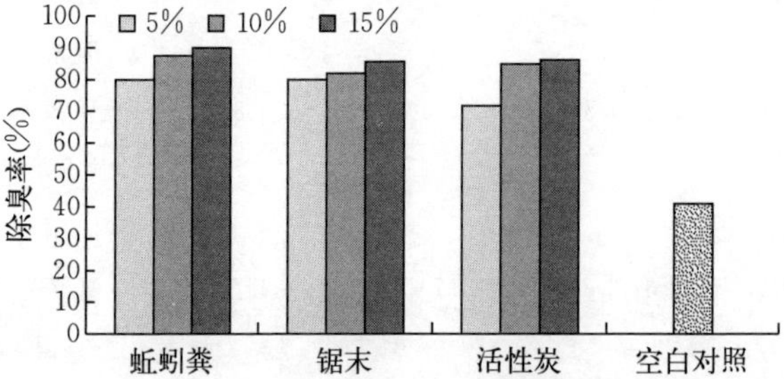

图 5－2　各处理对牛粪中氨的总除臭率

由图 5－1 至图 5－4 可知，在 4 种畜禽粪便中随着添加蚯蚓粪、锯末和活性炭比例的增加，对氨去除效果增强，总除臭率明显高于空白对照（$P<0.05$）。对照组锯末和活性炭对 4 种畜禽粪便的除臭效果与添加不同比例蚯蚓粪的除臭效果差异不显著（$P>0.05$）。添加 15％蚯蚓粪处理羊粪、牛粪、猪粪、鸡粪的氨除臭效

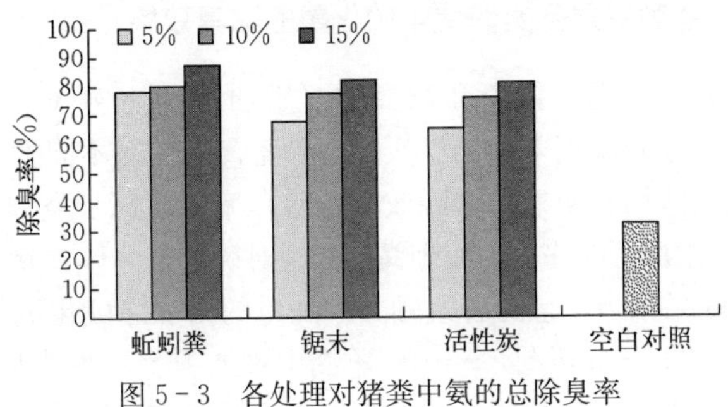

图 5-3　各处理对猪粪中氨的总除臭率

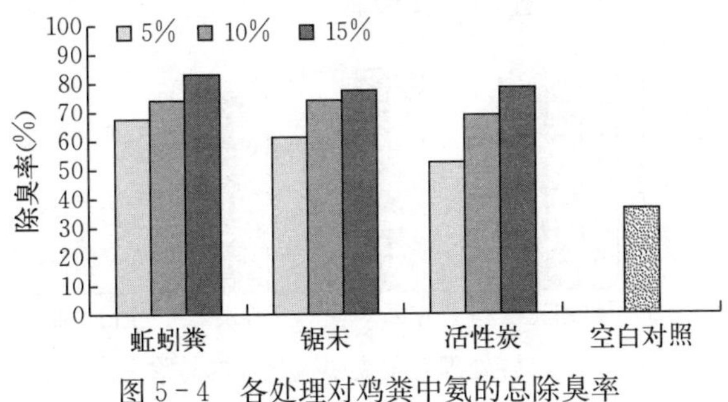

图 5-4　各处理对鸡粪中氨的总除臭率

果较锯末和活性炭高，最高达 90%以上，详见图 5-5。

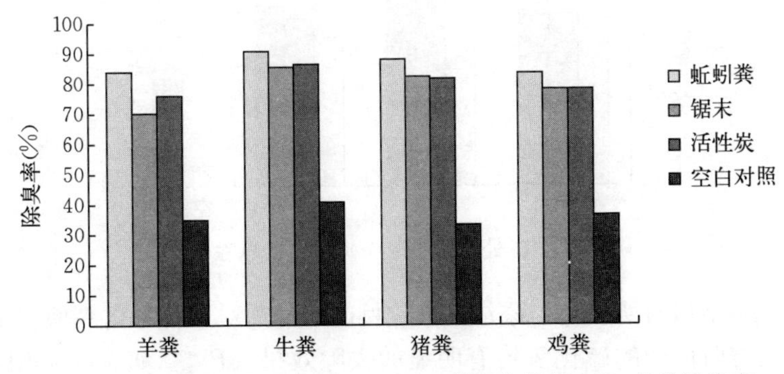

图 5-5　添加量为 15%时各处理对 4 种畜禽粪便 $NH_3$ 的总除臭率

## （三）蚯蚓粪对各类粪便中硫化氢的除臭效果

在羊粪、牛粪、猪粪和鸡粪中，添加不同比例（5%、10%、15%）的蚯蚓粪、锯末和活性炭对4种畜禽粪便在不同发酵阶段中的硫化氢气体均有明显的去除效果，除臭率明显高于空白对照（$P<0.05$）；添加不同比例的蚯蚓粪试验组对硫化氢气体去除率与活性炭和锯末效果相当，且随着蚯蚓粪添加量的增加除硫化氢气体效果逐渐增强（图5-8至图5-10）；羊粪中添加15%蚯蚓粪后1～7 d，对硫化氢的去除率较相同处理的其他类型粪便高，详见图5-6。

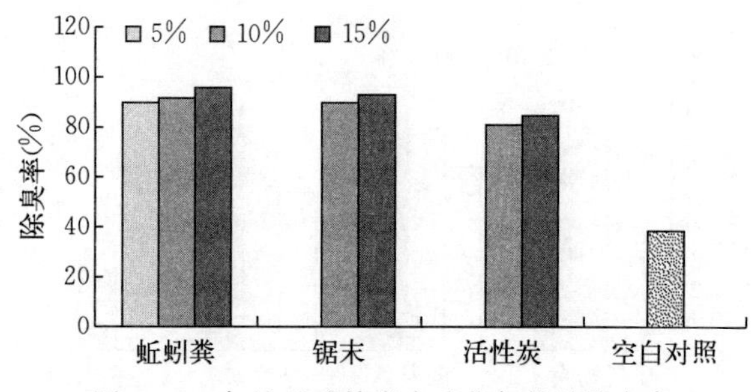


图5-6　各处理对羊粪中硫化氢的总除臭率

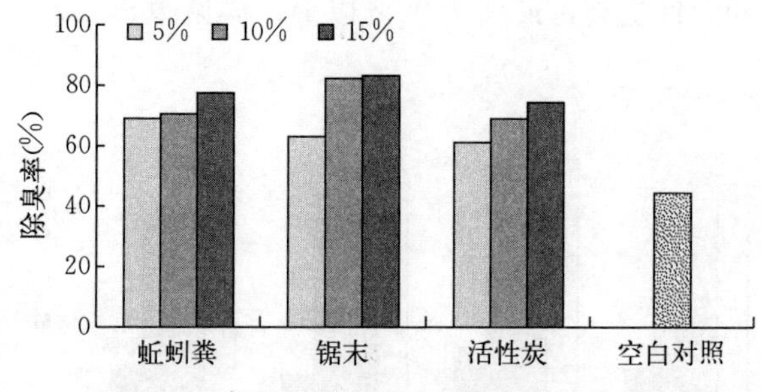


图5-7　各处理对牛粪中硫化氢的总除臭率

与空白对照相比，添加不同比例的蚯蚓粪对4种畜禽粪便在不同发酵阶段中的硫化氢均有明显的去除效果（$P<0.05$），与相同处理的锯末和活性炭对照组对硫化氢的除臭效果差异不显著（$P>$

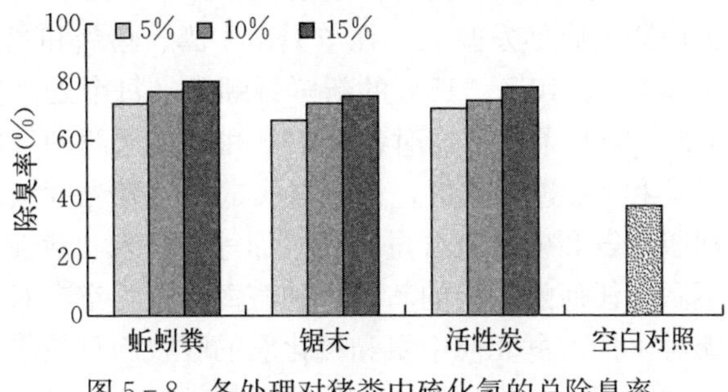


图 5-8　各处理对猪粪中硫化氢的总除臭率

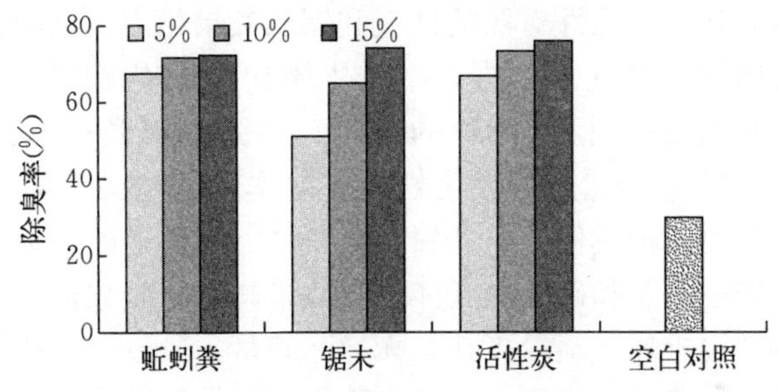


图 5-9　各处理对鸡粪中硫化氢的总除臭率

0.05)。对羊粪中硫化氢的除臭效果较牛粪、猪粪和鸡粪高，最高达 90%以上，详见图 5-6 至图 5-10。

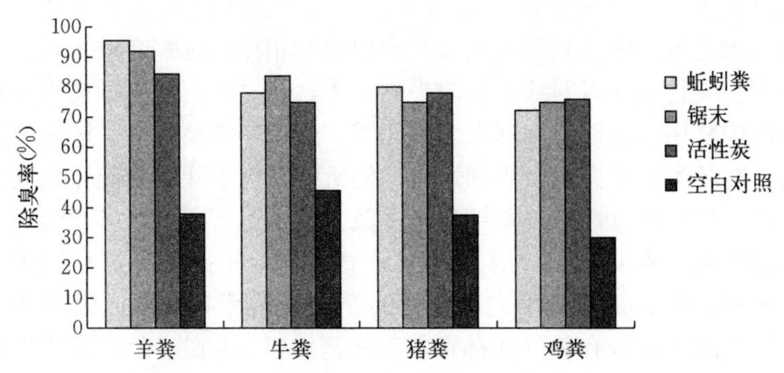


图 5-10　添加量为 15%时各处理对 4 种畜禽粪便硫化氢的总除臭率

为了明确蚯蚓粪对不同畜禽粪便除臭效果，提高蚯蚓粪利用率。试验采用瓶装腐熟发酵法，在羊粪、牛粪、猪粪和鸡粪 4 种粪便中分别添加 5%、10%、15%的新鲜蚯蚓粪，每个处理重复制作 3 瓶，在（20±3)℃条件下，对各瓶中氨和硫化氢两种气体分别在 1 d、3 d、5 d 和 7 d 进行收集，采用纳氏试剂分光光度法和碘量法测定各处理瓶中氨和硫化氢含量，以添加等量锯末和活性炭为阳性对照，以不添加任何蚯蚓粪的新鲜 4 种畜禽粪便为空白对照，比较分析蚯蚓粪对 4 种畜禽粪便中氨和硫化氢的吸收除臭效果。结果显示：与空白对照相比，添加不同比例的蚯蚓粪对 4 种畜禽粪便在不同发酵阶段中的氨和硫化氢气体均有明显的去除效果，其对氨和硫化氢气体去除率与阳性对照活性炭和锯末效果相当，且随着蚯蚓粪添加量的增加除臭效果增强；牛粪中添加 15%蚯蚓粪后 1～5 d，对氨的去除率高于相同处理的羊粪、猪粪和鸡粪；羊粪中添加 15%蚯蚓粪后 1～7 d，对硫化氢的去除率较其他类型粪便高。因此，蚯蚓粪对 4 种粪便中氨和硫化氢气体均有明显的除臭效果，且对牛、羊粪中的氨和硫化氢气体除臭效果高于鸡粪和猪粪。

试验利用蚯蚓粪疏松多孔、无异味和富含微生物的特性，采用瓶装发酵法对羊粪、牛粪、猪粪和鸡粪腐熟发酵过程中产生的氨和硫化氢气体进行除臭效果测定，旨在利用蚓粪缩短羊粪腐熟进程，减少有害气体对环境造成的污染，实现羊粪的无害化处理与资源化利用。纳氏试剂分光光度法与碘量法是检测空气或水体中氨、氮与硫化氢含量的一种灵敏且常用的方法，试验采用上述方法对各瓶中氨和硫化氢气体检测后发现，与空白对照相比，蚯蚓粪对 4 种粪便中氨和硫化氢均有明显的吸收去除效果，且氨和硫化氢的去除率与生产中常用的活性炭和锯末效果相同。运用嗅觉检验法，进一步证实了在各类畜禽粪便中添加适量比例蚯蚓粪可去除氨和硫化氢气体的科学性和可行性，试验结果与多数文献报道基本一致。试验对氨和硫化氢气体去除率均约为 50%，显著低于汪孙军等人利用蚯蚓粪按照 50%添加量到牛粪中所得的 90%除臭率，分析原因可能与蚯蚓粪的添加量有关（汪孙军，2009)。从试验数据看，随着蚯蚓粪添加量的增加，各瓶中不同发酵腐熟阶段产生的氨和硫化氢气体去除率逐渐增加，且与粪便种类无显著相关性，蚯蚓粪除臭的效果可能与蚯蚓粪疏松多孔特质有关，也可能与蚯蚓粪中降解氨、氮微生物有关，加入不同比例蚯蚓粪在试验 7 d 后仍具有较高的氨和硫化氢气体去除率证实了上述推断。为了充分利用蚯蚓粪中天然微生物群落促进羊粪腐熟发酵及除臭，课题组以展开对羊粪养殖蚯蚓后蚯蚓粪中促腐除臭微生物的分离与筛选工作，并已取得相关进展，相关研究见本章第四节。

## 第三节　羊粪中添加蚯蚓粪腐熟发酵效果研究

为了充分利用蚯蚓粪特质以及蚯蚓粪中天然微生物促腐功能，明确羊粪中添加蚯蚓粪后的腐熟发酵效果，提高羊粪与蚯蚓粪利用率，课题组分别在新鲜羊粪中添加不同比例环毛蚓与“大平 3 号”两种不同类型蚯蚓的粪便，观测添加量对羊粪腐熟发酵过程中温度、pH、含水率、色泽、疏松度、气味、种子发芽指数（GI）等指标的影响，旨在利用蚯蚓粪缩短羊粪腐熟进程，减少有害气体对环境造成的污染，实现羊粪的无害化处理与资源化高效利用，为广大养殖户羊粪堆肥腐熟发酵提供理论依据和可行性参考。

### 一、材料

试验用新鲜环毛蚓粪、“大平 3 号”蚯蚓粪、羊粪等材料由安乡县雄韬牧业有限公司提供；有机物料腐熟剂- Rw 酵素剂购自鹤壁市人元生物技术发展有限公司；白菜种子、电子天平、电子秤、恒温箱、干湿温度计、pH 测定仪等试验用仪器由湖南文理学院生命与环境科学学院动物科学专业实验室提供。

### 二、方法

#### （一）蚯蚓粪的采集和处理

将发酵腐熟后的山羊粪便装入直径 40 cm、高 30 cm 的花盆内，基料高度不超过盆高的3/4，每盆投放“大平3号”蚯蚓（400±50）条，盆口用稻草覆盖，厚度10 cm，定期喷水保湿，室温下饲养，定期收集新鲜蚯蚓粪于保鲜袋中密封；另收集肉羊养殖场周围新鲜湿润的环毛蚓粪，置于4 ℃冰箱保存备用（成钢等，2015；成钢等，2016）。

### （二）瓶装腐熟发酵法

试验采用瓶装腐熟发酵法对羊粪进行处理，即在新鲜羊粪中分别添加粉碎过筛后的5%、10%、15%和20%两种新鲜蚯蚓粪，搅拌混匀后分装于550 mL矿泉水瓶中，每种比例设置3瓶，每瓶装600 g，以不添加任何辅料的新鲜羊粪为空白对照，以添加Rw酵素剂的新鲜羊粪为阳性对照。试验在湖南文理学院生命与环境科学学院生物园大棚内进行，定期观测记录各处理瓶腐熟前、后温度，pH，含水率，色泽，疏松度，气味，GI等指标，腐熟发酵42 d后对各处理瓶中的菌丝生长情况进行观测，并对数据进行统计分析。

### （三）瓶内试验材料常规理化测定

**1. 含水率的测定**　称取粪样100 g，在105～110 ℃烘箱中烘烤12 h，取出冷却后称重。

计算公式：含水率（%）=[（羊粪原重－烘干后重量）/羊粪原重]×100%

**2. 温度测定**　每隔2 d分别测量各瓶内的中心温度，同时测量记录环境温度。

**3. pH测定**　每隔7 d取10 g瓶内羊粪，加入100 mL蒸馏水，搅拌溶解，室温静置30 min，取上清滤液50 mL，采用pH测定仪测定pH。

**4. GI测定**　各处理瓶腐熟发酵30 d后，每3 d对各处理瓶进行GI测定，吸取各处理瓶pH测定后剩余的上清滤液5 mL，将其滴加到铺有滤纸的（9×9）cm培养皿内，每个培养皿均匀撒上饱满白菜种子50粒，以滴加10 mL蒸馏水培养白菜种子为对照，每个处理重复 3 次，在人工气候箱 25 ℃黑暗条件下，培养 48 h，分别计算每个处理组平均发芽率、GI 和平均根长进行统计分析，以 GI≥100％为腐熟结束标准，记录各处理瓶的腐熟天数。

主要计算公式：

种子发芽率＝(种子平均发芽数/播种时种子平均数)×100％

GI＝[ (处理平均发芽率×处理平均根长)/(对照平均发芽率×对照平均根长)]×100％

**5. 微生物数量（个/g）计算方法**　取 1 g 样品加入已灭菌的 9 mL 的无菌水中，此时为 10 倍稀释，用移液枪移取 100 μL 的 10 倍稀释悬液加至 900 μL 的无菌水中，此时为 100 倍稀释。依次稀释到合适浓度后，采用常规平板涂布法，将 100 μL 稀释液加到固体培养基平板上涂布均匀，培养 24 h 后对平板上的微生物进行计数。

计算公式：菌株数量×10×稀释倍数。

**6. 羊粪腐熟判定**　瓶内羊粪温度趋于环境温度，色泽变为黑色，无刺激性气味，粪粒疏松柔软，pH 呈弱碱性，含水率≤20％，GI≥80％。

## 三、结果与分析

### （一）腐熟前后各处理材料理化性质测定结果

试验对羊粪中添加两种不同比例蚓粪腐熟 42 d 后的含水率、pH 和 GI 进行测定。数据表明，腐熟 42 d 后各处理瓶中的含水率、pH 随着蚓粪添加量的增加逐渐降低，GI 则逐渐增高；添加“大平 3 号”蚯蚓粪瓶中 7～8 d 开始出现白色菌丝，白色菌丝大量出现期为 9～14 d，较环毛蚓粪处理组和对照组分别早 1～2 d 和3～4 d；腐熟 42 d 后，添加 20％的“大平 3 号”蚯蚓粪组 GI 为 106. 42％，分别较 20％环毛蚓粪处理瓶和对照组高 6. 13％和 25. 20％；以 GI ≥100％为腐熟结束标准，添加“大平 3 号”蚯蚓粪处理组较环毛蚓粪处理组和对照组早 3～6 d 和 9～12 d，腐熟结束后各处理瓶羊粪颜色变为黑褐色，无刺激性气味；瓶中羊粪疏松柔软，随着蚓粪添加量的递增各处理瓶中白色菌丝含量逐渐增多；添加 20%的“大平 3 号”蚓粪瓶中白色菌丝量与阳性对照相当，腐熟发酵效果好于其他处理组。具体数据详见表 5－2。

**表 5－2　蚯蚓粪类型与添加量对羊粪腐熟 42 d 后理化性质影响结果**

| 材料类型 | 比例（%） | pH | 含水率（%） | GI（%） | 微生物数量（个/g） | 菌丝出现期（d） | 腐熟天数（d） |
|---|---|---|---|---|---|---|---|
| 环毛蚓粪 | — | 7.633 | 54.83 | 83.26 | $2.68\times10^{9}$ | — | — |
| “大平三号”蚯蚓粪 | — | 6.293 | 52.18 | 87.52 | $4.33\times10^{9}$ | — | — |
| 环毛蚓粪 | 5 | 7.985 | 21.78 | 83.36 | $3.28\times10^{9}$ | 13 | 47～50 |
| | 10 | 8.016 | 19.45 | 89.95 | $5.96\times10^{9}$ | 12 | 45～46 |
| | 15 | 7.893 | 18.31 | 92.23 | $9.47\times10^{9}$ | 13 | 44～45 |
| | 20 | 7.876 | 17.35 | 100.29 | $1.23\times10^{10}$ | 11 | 42～45 |
| “大平 3 号”蚯蚓粪 | 5 | 7.802 | 21.36 | 84.01 | $2.36\times10^{9}$ | 14 | 47～50 |
| | 10 | 7.785 | 19.79 | 88.27 | $4.78\times10^{9}$ | 12 | 44～46 |
| | 15 | 7.734 | 18.84 | 89.56 | $5.21\times10^{9}$ | 11 | 40～45 |
| | 20 | 7.712 | 16.76 | 106.42 | $8.39\times10^{9}$ | 9 | 39～42 |
| 对照（新鲜羊粪） | — | 8.647 | 62.56 | 36.85 | $9.85\times10^{9}$ | 15 | 48～51 |
| 对照（腐熟羊粪） | — | 8.035 | 23.52 | 81.22 | $8.7\times10^{9}$ | — | — |

注：表中“—”表示未进行数据统计。

### （二）蚯蚓粪类型与添加量对羊粪腐熟发酵温度的影响

温度是影响羊粪腐熟发酵的重要因素，通过观测各处理瓶中温度的大致走势可以判明腐熟发酵进程，以及蚓粪种类与添加量对羊粪腐熟发酵的影响。试验每 2 d 对各处理瓶的中心温度进行逐一测定。数据表明：添加“大平 3 号”蚯蚓粪与添加环毛蚓粪便各处理瓶内发酵腐熟温度变化趋势基本一致，总体变化趋势为：升—降—升—环境温度。图 5－11 表明，各处理瓶内羊粪经历了 2 次发酵过程，1 次发酵期为 1～15 d，各处理瓶内温度均在第 5～7 天内快速上升至 35 ℃左右，与环境温度相差（10±2)℃，与对照无明显差别；2 次发酵期为 16～38 d，第 19 天各处理瓶中温度又开始上升，但上升速度不一。各实验瓶内温度均在腐熟发酵第 23 天时均达到 35 ℃以上，尤以添加 20%的“大平 3 号”蚯蚓粪腐熟温度上升最快，维持时间长，瓶内温度最高达 48.2 ℃，较对照组高 7 ℃，较其他实验组高 5.7～9.2 ℃，且在 30 ℃以上持续了 7 d，缩短腐熟时间 2～3 d；堆肥 35 d 后，各处理堆肥温度迅速下降，并趋于环境温度。

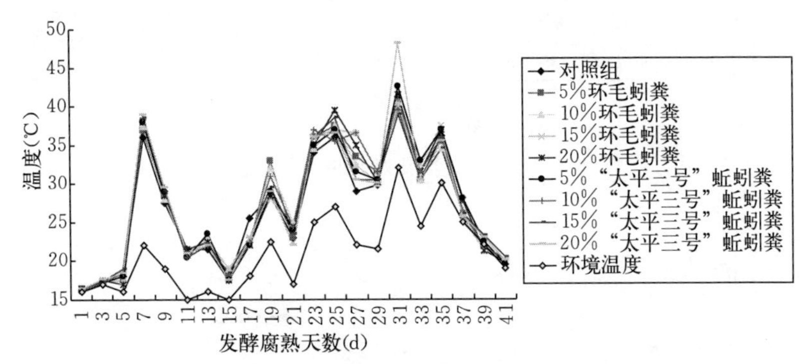


图 5-11　2 种蚯蚓粪添加量对羊粪腐熟发酵温度的影响

## （三）蚯蚓粪种类与添加量对羊粪腐熟发酵 pH 的影响

每隔 7 d 对各处理瓶内羊粪进行 pH 测定，结果显示：蚯蚓粪处理瓶与对照瓶中羊粪的 pH 变化趋势均为升—降—升—降。发酵初期，各瓶内 pH 略上升约 0.3，可能与此期羊粪中可利用氮较多，微生物生长繁殖较快，生成较多氨类复合物所致；随着微生物活动，有机酸含量增加，发酵至 14 d 左右，各处理瓶内 pH 下降至 7.601～8.161；腐熟发酵至 21 d，随着瓶内微生物分解，以及含氮有机物所产生氨的堆积，致使瓶内 pH 又开始上升；腐熟 42 d 后，添加 2 种蚯蚓粪各处理瓶中 pH 随着蚯蚓粪添加量的增加有逐渐降低的趋势，2 种蚓粪间以及添加同种蚓粪不同比例间的 pH 差异不显著。发酵腐熟结束时，各处理瓶 pH 为 7.712～8.035，均符合羊粪腐熟的 pH 标准，详见图 5-12。

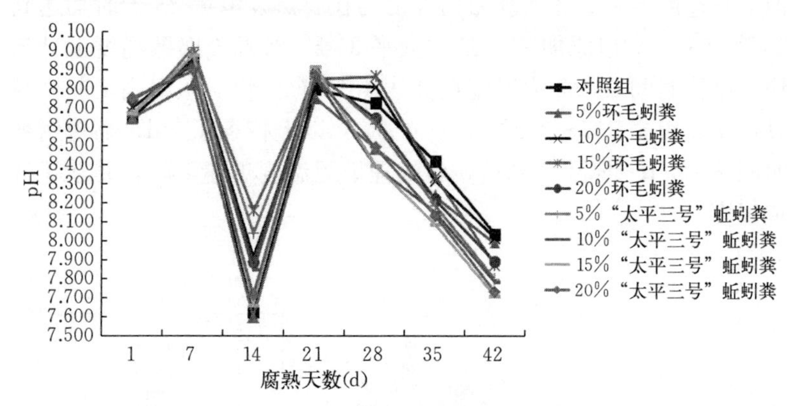


图 5-12　各堆肥处理的 pH 变化

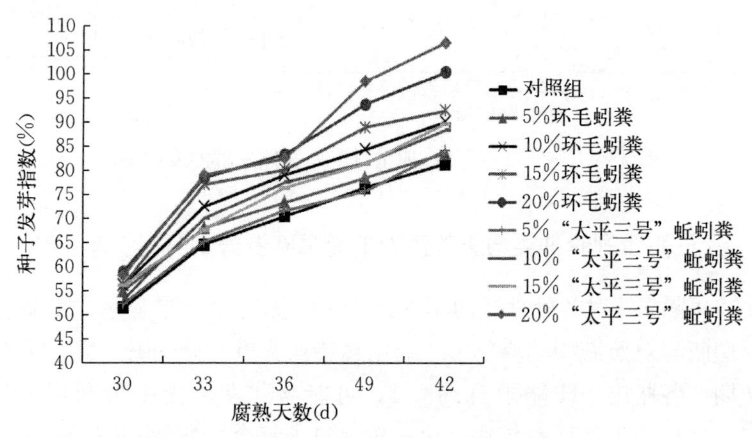


图 5-13　堆肥 42 d 后各处理堆肥的 GI 的变化

### (四) 蚯蚓粪的添加量对羊粪堆肥发酵 GI 的影响

GI 是评价发酵堆料毒性最直观、有效的参数指标之一。指数越高，堆料毒性越小，反之则毒性越大。结果表明：各处理堆肥的

GI 在发酵 30 d 后均呈上升趋势，发酵腐熟 42 d 时，各处理瓶的 GI 均大于 80%，说明各处理瓶内的羊粪均趋于腐熟，其中添加 20%“大平 3 号”蚯蚓粪和添加 15%、20%环毛蚓粪的处理组在发酵第 36 天时 GI 已≥80%；添加 10%环毛蚓粪和添加 10%、15%“大平 3 号”蚯蚓粪的处理组，在发酵第 39 天时腐熟；对照组与添加 5%的 2 种蚯蚓粪处理组 GI 较低，腐熟速度最慢。腐熟 42 d，添加 20%“大平 3 号”蚯蚓粪处理组 GI 为 106.42%，分别较对应添加比例环毛蚓粪处理瓶和对照组高 6.13%和 25.20%，腐熟效果最好，数据结果详见图 5-13。

为了促进羊粪腐熟发酵，明确羊粪中添加蚯蚓粪后的腐熟发酵效果，提高羊粪和蚯蚓粪利用率。试验采用瓶装腐熟发酵法，在新鲜羊粪中分别添加 5%、10%、15%和 20%比例的环毛蚓粪和“大平 3 号”蚯蚓粪，以新鲜羊粪为对照，每个处理重复 3 瓶，在室温下腐熟发酵 42 d，定期观测腐熟温度、pH、含水率、色泽、疏松度、气味、种子发芽指数（GI）等指标，对数据统计分析。结果显示：与对照相比，腐熟 42 d 后随着蚯蚓粪添加量的增加，各处理瓶中的含水率、pH 逐渐降低，GI 和微生物数量则逐渐增高，腐熟发酵效果增强，尤以添加 20%“大平 3 号”蚯蚓粪的处理组腐熟温度上升最快，瓶内温度最高达 48.2 ℃，较对照组高 7 ℃，缩短腐熟时间 2～3 d。试验表明：在新鲜羊粪中添加适当比例的 2 种蚓粪均能促进羊粪的腐熟发酵，添加 20%“大平 3 号”蚯蚓粪的处理组腐熟发酵效果好于其他处理组。

试验采用瓶装腐熟发酵法对羊粪进行处理，重点考察了添加蚯蚓粪后对发酵温度、pH 和 GI 3 项指标的影响。试验结果表明，添加 20%“大平 3 号”蚯蚓粪的处理组发酵腐熟温度较环毛蚓粪处理组和对照组升温快，温度高，持续时间长，且随着蚓粪添加比例的增加，发酵温度有增高的趋势。分析原因可能与“大平 3 号”蚯蚓粪中存在大量促腐微生物有关，与表 5-2 中的结果一致，即：随着蚓粪添加量的增加，各处理微生物数量显著增多。试验各处理瓶内温度均没有达到生产实际堆肥腐熟发酵的 50 ℃以上高温，主要原因为瓶内粪量较少，腐熟发酵所产生的热量容易散失，且易受环境温度的影响。pH 对微生物的生长繁殖起着重要的作用，羊粪堆肥腐熟发酵理想 pH 为 6～9，pH 过高或过低均会影响到微生物的生长。腐熟 42 d 后，各处理瓶 pH 为 7.712～8.035，符合腐熟 pH 标准。试验中添加蚯蚓粪试验组的 pH 均小于对照组，说明添加蚯蚓粪对羊粪腐熟发酵过程中 pH 有一定调节功能，这种功能可能与蚯蚓粪疏松多孔可以吸附和减少含氮气体挥发，以及蚯蚓粪中的大量微生物参与氨类复合物和有机酸合成与分解有关。GI 是用来评价堆肥腐熟度的最终和最具有说服力的指标。试验数据表明，添加蚓粪的各处理瓶 GI 均大于对照组，进一步证明了在新鲜羊粪中添加适当比例蚯蚓粪能够加速分解羊粪中的有害物质，促进腐熟进程。

综上所述，蚯蚓粪是羊粪腐熟的天然发酵剂，试验中 2 种蚯蚓粪均能促进羊粪的腐熟发酵，且随着蚯蚓粪添加量的增加，腐熟发酵速度加快，效果增强。“大平 3 号”蚯蚓粪处理组在促进羊粪的腐熟温度、pH 和 GI 三项指标均高于环毛蚓粪，可能与“大平 3 号”蚯蚓以羊粪为基料进行饲养，蚯蚓粪中含有大量分解羊粪的促腐微生物有关。为了充分利用蚯蚓粪中天然微生物群落促进羊粪腐熟发酵及除臭，课题组展开对羊粪养殖蚯蚓后蚓粪中促腐除臭微生物的分离与筛选工作，详见本章第四节。

## 第四节　蚯蚓粪与羊粪中高效促腐微生物的分离与筛选

肉羊粪尿腐熟发酵是实现无害化与资源化利用的主要和有效途径，对实现生态环境保护及肉羊养殖业可持续发展具有重要意义（成钢等，2014；薛智勇等，2002）。当前国内羊粪堆肥腐熟相关研究报道较少，且影响发酵腐熟的因素较多、较难控制。蚯蚓粪是蚯蚓消化分解有机废弃物产生的具有较高孔隙度富含大量微生物菌群的颗粒状物质（成钢等，2015），为了充分利用蚓粪中天然微生物群落促进羊粪的腐熟发酵，课题组通过富集耐氨、耐硫微生物，采用初筛、复筛和综合促腐效果验证等步骤，逐级分离、筛选羊粪促腐与除臭微生物，为今后羊粪专用高效发酵与除臭复合菌剂研发，以及蚯蚓粪与羊粪的高效利用提供可行性参考。

课题组以新鲜蚯蚓粪和羊粪为材料，分别在常规培养基中加入适量浓度的氨水和硫化钠，采用梯度稀释法对蚯蚓粪中细菌、真菌和放线菌进行初步培养，富集耐氨、耐硫微生物；采用平板涂布法选择性培养基进行初筛，运用瓶装腐熟发酵法，通过对腐熟温度、pH 和 GI 指标的观测进行复筛和综合促腐效果验证，筛选促腐微生物。运用纳氏试剂分光光度法和碘量法分别对氨和硫化氢气体有显著吸收效果的微生物初步筛选；运用瓶装腐熟发酵法，对初筛微生物进行综合除氨与除硫效果验证，获得除臭微生物。

## 一、材料

试验用白菜种子、羊粪、新鲜蚯蚓粪由安乡县雄韬牧业有限公司提供；葡萄球菌、牛肉膏、蛋白胨、可溶性淀粉、硫酸镁、硫酸亚铁、磷酸氢二钾、磷酸二氢钾、葡萄糖、孟加拉红、链霉素、乙酸锌、乙酸钠等药品、pH 计等由湖南文理学院生命与环境科学学院动物科学专业实验室提供。

## 二、方法

### （一）耐氨、耐硫微生物的培养与富集

以常规液体牛肉膏蛋白胨培养基、高氏一号培养基、马丁氏培养基为对照组，每种液体培养基分别制备 4 瓶，每瓶 100 mL。其中 3 瓶培养基分别滴加 25%浓度的氨水 10 μL、15 μL、20 μL，在另外 1 瓶培养基中加入硫化钠，使硫化钠在培养基中的浓度达到 0.5 mol/L。将羊粪养殖蚯蚓后产生的新鲜蚯蚓粪用无菌水进行

100～100 000 倍稀释后分别取每个滴度稀释液 100 μL 分别加入上述含有氨水和硫化钠溶液的 3 种液体培养基中。牛肉膏蛋白胨培养基于 37 ℃，高氏一号培养基和马丁氏培养基于 28 ℃的条件下，摇菌12～48 h，富集耐氨、耐硫微生物，用于进一步高效促腐与除臭微生物的分离和筛选。

### （二）高效促腐微生物的初筛与复筛

分别制备牛肉膏蛋白胨、高氏一号、马丁氏固体平板培养基，每种培养基表面分别涂布 100 μL 浓度为 15%的氨水溶液和浓度为 0.5 mol/L 的硫化钠（$Na_2S$）溶液，取上述富集保种微生物，摇菌过夜复苏稀释后，采用平板涂布法按上述耐氨、耐硫微生物的培养条件培养细菌、放线菌和真菌，定期观察记录培养皿中菌落生长情况，根据培养皿中菌落的形态和数量，挑选菌落单一、数量较多、特征明显的微生物进行分类、纯化、编号和保种。运用瓶装腐熟发酵法，挑选 20 种初筛后微生物制备菌液与新鲜羊粪混合，搅拌混匀后分装于 550 mL 矿泉水瓶中，每瓶装量 600 g。每种微生物设置在羊粪中的浓度为 $1\times10^6$ 个/g、$2\times10^6$ 个/g 和 $3\times10^6$ 个/g，以新鲜羊粪为空白对照，每种浓度重复配备 3 瓶。在（32±3)℃条件下腐熟发酵 42 d，定期观测腐熟温度、pH、色泽、疏松度、GI 等指标，感官评级法对瓶内臭味进行评定，并对数据统计分析（陈书安等，2006）。

### （三）综合促腐效果验证

采用瓶装腐熟发酵法在上述初筛、复筛的基础上，挑选在温度、GI 等腐熟指标上较为突出的 5～6 种促腐微生物，分别制备菌液，以 $3\times10^6$ 个/g 浓度标准添加到新鲜羊粪中，以新鲜羊粪为空白对照，以添加相同浓度大肠杆菌的新鲜羊粪为阴性对照，每个处理重复制作 3 瓶。在（32±3)℃条件下腐熟发酵 42 d，定期观测和比较单一菌液和混合菌液瓶内的腐熟温度、pH、色泽、疏松度、气味、GI 值等指标，并对数据统计分析。羊粪腐熟判定：瓶内羊粪温度趋于环境温度，色泽变为黑色，无刺激性气味，粪粒疏松柔软，pH 呈弱碱性，含水率≤20%，GI 值≥80%（钱晓雍等，2009）。

### （四）高效除氨和硫化氢气体微生物的初筛

挑选 20 株耐氨耐硫微生物分别接种于液体培养基，培养后得到高浓度菌液。分别将 100 μL 浓度为 $1\times10^8$ 个/mL 的菌液滴加到直径 2 cm 滤纸片上，放入预先注入 30 μL 浓度为 25%氨水的瓶中进行氨气的吸收试验，以添加不含微生物的培养基为空白对照，以相同浓度的葡萄球菌液为阴性对照。在放置 24 h 后抽取 50 mL 瓶内气体于硫酸吸收液中充分吸收，利用纳氏分光光度法分别测定各瓶中氨气含量，根据各微生物对瓶内氨气的吸收值，初步筛选对氨有消除能力的微生物。分别取 10 mL 浓度为 $1\times10^8$ 个/mL 的菌液与 100 g 羊粪混合，以新鲜羊粪为空白对照，以添加相同浓度的葡萄球菌液为阴性对照，分别在放置 24 h、48 h 和 72 h 后抽取 50 mL 瓶内气体于 20 mL 乙酸锌吸收液中进行充分吸收，利用碘量法测定各瓶中硫化氢气体含量，根据对瓶内硫化氢气体吸收值初步筛选对硫化氢具有吸收能力的微生物。

### （五）综合除氨和硫化氢气体效果验证

挑选初筛对氨和硫化氢气体吸收能力较强的 7～9 种微生物单独制备菌液，以 $1\times10^8$ 个/mL 的浓度分别在 200 g 新鲜羊粪中添加 5 mL、10 mL、15 mL 混合均匀后进行综合除臭效果验证，运用瓶装腐熟发酵法，以新鲜羊粪为空白对照，每个处理重复 3 瓶，在室温下放置 3 d，每日取各瓶中 50 mL 气体分别于硫酸吸收液和乙酸锌吸收液中各 25 mL，令其充分吸收。用纳氏试剂风光光度法测定氨含量，用碘量法测定硫化氢的含量。氨或硫化氢气体每日去除率=[(空白组浓度—处理组浓度)/空白组浓度]×100%，氨或硫化氢气体平均去除率为 3 d 内每日氨或硫化氢气体去除率均值，记录结果并对数据进行分析。

### （六）高效促腐除臭微生物的初步鉴定

对进一步验证有除臭功能的微生物进行培养，根据固体培养基中菌落、菌丝形态、生长特征及染色镜检结果进行形态学初步鉴定。

### （七）数据统计分析

采用 Microsoft Excel 2010 软件对促腐温度与 GI 数据进行 F 检验组间无重复双因素方差分析；对除臭数据进行组间单因素方差分析，用 Duncan 法对各组间平均值进行多重比较，试验结果采用字母标记法。以 $P<0.05$ 作为差异显著性判断标准。

## 三、结果与分析

### （一）耐氨、耐硫微生物富集结果

羊粪为基料养殖的蚯蚓粪中分离细菌、放线菌和真菌的最适稀释梯度均分别为 $10^{-4}$、$10^{-4}$ 和 $10^{-3}$。培养结果表明，蚯蚓粪中细菌、放线菌和真菌种类和数量随着培养基中氨水添加浓度的增加而降低（表 5-3），试验通过添加硫化钠和氨水处理培养的细菌、放线菌和真菌作为耐氨、耐硫微生物，用于后续高效促腐与除臭微生物分离与筛选。

**表 5-3　不同处理对蚓粪中微生物种类和数量影响结果**

| 处理 | 细菌培养结果 | | 真菌培养结果 | | 放线菌培养结果 | |
|---|---|---|---|---|---|---|
| | 种类 | 数量（个/g） | 种类 | 数量（个/g） | 种类 | 数量（个/g） |
| 添加 0.5 mol/L 浓度的硫化钠处理 | 9 | $1.5\times10^{9}$ | 6 | $0.3\times10^{3}$ | — | — |
| 100 mL 培养基添加 10 μL 氨水处理 | 8 | $1.32\times10^{8}$ | 10 | $1.16\times10^{7}$ | 7 | $3.5\times10^{7}$ |

（续）

| 处理 | 细菌培养结果 | | 真菌培养结果 | | 放线菌培养结果 | |
|---|---|---|---|---|---|---|
| | 种类 | 数量（个/g） | 种类 | 数量（个/g） | 种类 | 数量（个/g） |
| 100 mL 培养基添加 15 μL 氨水处理 | 7 | $1.1\times10^{8}$ | 8 | $8.9\times10^{6}$ | 5 | $2.2\times10^{7}$ |
| 100 mL 培养基添加 20 μL 氨水处理 | 5 | $4.6\times10^{7}$ | 7 | $6.3\times10^{6}$ | 5 | $8.6\times10^{6}$ |
| 100 mL 培养基添加 25 μL 氨水处理 | 5 | $9\times10^{6}$ | 6 | $1.2\times10^{6}$ | 4 | $4.2\times10^{6}$ |
| 空白对照 | 15 | $2.74\times10^{8}$ | 11 | $1.52\times10^{7}$ | 10 | $1.56\times10^{8}$ |

注："—"表示未培养出放线菌。

## （二）高效促腐微生物的初筛与复筛结果

以腐熟温度、pH 及 GI 为主要观测指标。从新鲜蚯蚓粪中共分离、筛选获得 4、7、8、11 和 12 号共 5 株对羊粪具有显著促腐效果的微生物，且随着微生物菌剂浓度的升高各处理瓶中的白色菌丝逐渐增多。添加以上 5 株微生物的处理瓶内无刺激性气味，羊粪颜色变为黑褐色，质地疏松柔软。5 种微生物对羊粪腐熟发酵效果见表 5－4。

**表 5－4　5 种微生物对羊粪腐熟发酵效果**

| 菌株编号 | 菌丝出现期（d） | 生长旺盛期（d） | 维持期（d） | 瓶内臭味消失期（d） | 菌丝颜色 | 疏松度 | 发酵腐熟效果 |
|---|---|---|---|---|---|---|---|
| 4 | 4～6 | 10 | 4 | 28 | 白 | ＋＋ | ＋＋＋ |
| 7 | 4～6 | 12 | 4 | 26 | 灰白 | ＋＋ | ＋＋＋ |
| 8 | 4～6 | 10 | 4 | 25 | 白 | ＋＋ | ＋＋＋ |
| 11 | 4～6 | 10 | 6 | 26 | 白 | ＋＋ | ＋＋＋ |
| 12 | 4～6 | 12 | 6 | 26 | 白 | ＋＋ | ＋＋＋ |
| 空白对照 | 10 | 19 | 4 | 36 | － | ＋ | ＋＋ |

注：表中"－"代表未发现菌丝；"＋"代表羊粪粒具有一定的疏松度，发酵腐熟效果一般；"＋＋"代表羊粪粒较松散，发酵腐熟较好；"＋＋＋"代表羊粪粒开裂程度较大松软，发酵腐熟效果好。

## （三）综合促腐效果验证结果

采用瓶装腐熟发酵法，挑选复筛后的 5 种促腐微生物分别制备菌液后添加到新鲜羊粪中，使其在羊粪中的微生物数量达到 $3\times10^6$ 个/g，定期观测和比较单一菌液和混合菌液羊粪发酵瓶内的温度、pH、GI 等腐熟指标。

**1. 5 种微生物对羊粪腐熟发酵温度的影响** 温度是影响羊粪腐熟发酵的重要因素。试验结果表明，添加微生物菌液的各瓶中羊粪经历了 3 次温度较大的变化：各处理瓶内温度均在第 6～8 天内快速上升至 35 ℃左右，与环境温度相差（3±2)℃；腐熟发酵第 18～24 天，各实验瓶内温度均在此期间达到 40 ℃以上，较空白对照高 2～5 ℃，与环境温差 5～7 ℃；腐熟发酵第 34～36 天，各处理瓶内温度均高于空白对照 1.5～6 ℃，加入混合菌液腐熟发酵第 36 天瓶内温度较空白对照组高 6 ℃；腐熟发酵第 35 天后，各处理瓶堆肥温度迅速下降，并趋于环境温度。取各组处于高温腐熟发酵阶段时期温度均值进行无重复双因素方差分析，结果处理组与空白组差异显著（$P<0.05$），处理为有效处理，即在羊粪中添加筛选出的微生物对羊粪腐熟发酵的温度有影响，试验结果详见图 5-14 和图5-15。

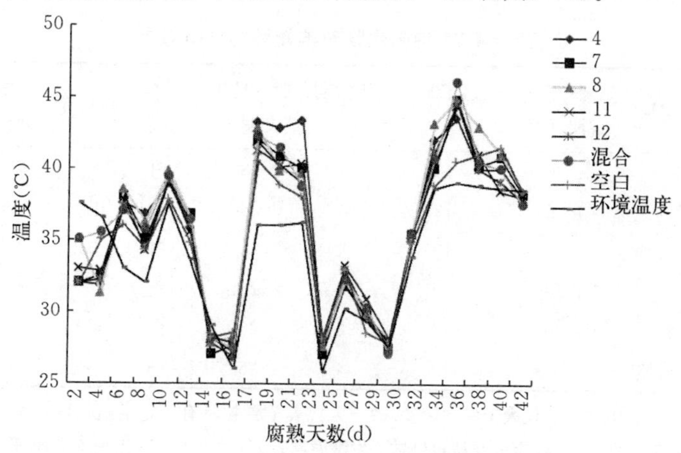


图 5-14　5 种微生物发酵 42 d 间温度观测结果

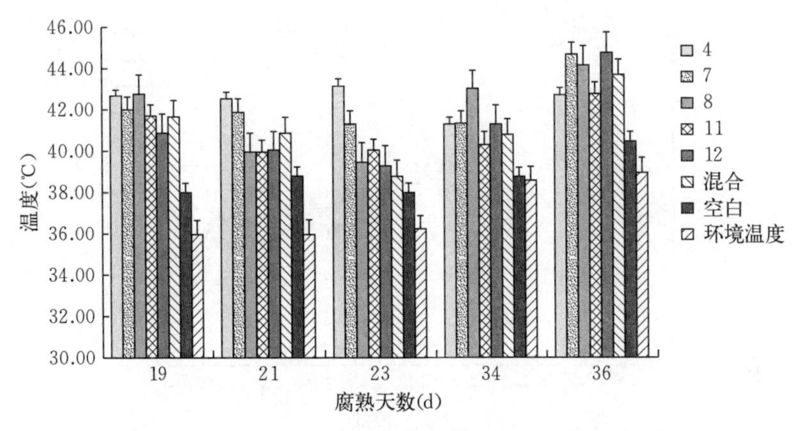


图 5-15　5 种微生物不同发酵腐熟阶段温度观测比较

**2. 不同微生物对羊粪腐熟发酵 pH 的影响**　试验每隔 2 d 运用 pH 计对各处理瓶内羊粪 pH 进行测定。结果显示，各瓶 pH 变化曲线与各瓶温度变化水平相一致。发酵初期，各瓶内 pH 均上升，可能与此期羊粪中可利用氮较多，微生物生长繁殖较快，生成较多氨类复合物所致；随着微生物活动，有机酸含量增加，发酵至第 14 天左右，各处理瓶内 pH 下降至 8.5 左右；腐熟发酵至第 21 天，随着瓶内微生物分解，以及含氮有机物所产生氨的堆积，致使瓶内 pH 又开始上升；发酵腐熟结束时，各处理 pH 为 7.91～8.33，均符合羊粪腐熟的 pH 标准。取各组 pH 均值进行无重复双因素方差分析，结果各处理组与空白组差异显著（$P<0.05$），处理为有效处理，即在羊粪中添加筛选出的微生物对羊粪腐熟发酵时期的 pH 有影响，试验结果详见图 5-16 和图 5-17。

**3. 不同微生物对羊粪腐熟发酵 GI 的影响**　GI 是评价发酵堆料毒性最直观、有效的参数指标之一。结果表明：各处理腐熟的 GI 在发酵第 30 天后均呈上升趋势，发酵腐熟第 30 天时，各处理瓶的 GI 均大于 80%，说明各处理瓶内的羊粪均趋于腐熟，其中各试验组 GI 在发酵第 30 天和第 40 天期间，GI 均大于空白对照组；腐熟第40 天，添加混合菌液的 GI 为 123.33%，分别较空白处理瓶和

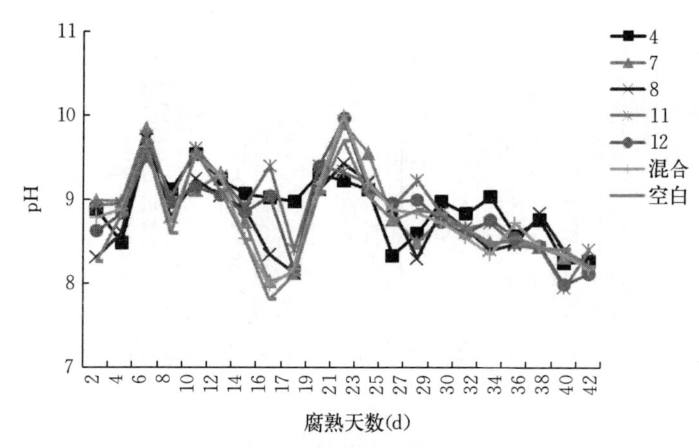


图 5－16　5 种微生物发酵 42 d 间 pH 观测结果

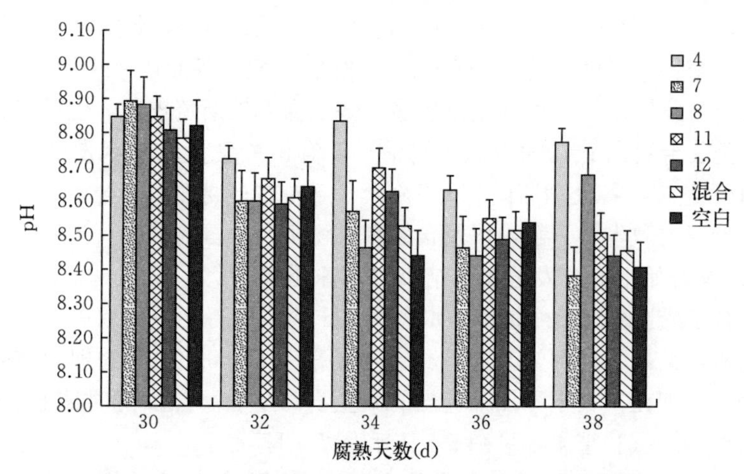


图 5－17　5 种微生物不同发酵腐熟阶段 pH 观测比较

对照处理瓶高 16.66％和 12.33％，腐熟效果最好，详见图 5－18。

**4. 除臭微生物分离筛选结果**　从 20 株耐氨耐硫微生物中初筛获得 10 种对氨或硫化氢气体有一定吸除能力的微生物，运用瓶装腐熟发酵法，综合除氨和硫化氢气体效果验证。对氨具有显著吸除

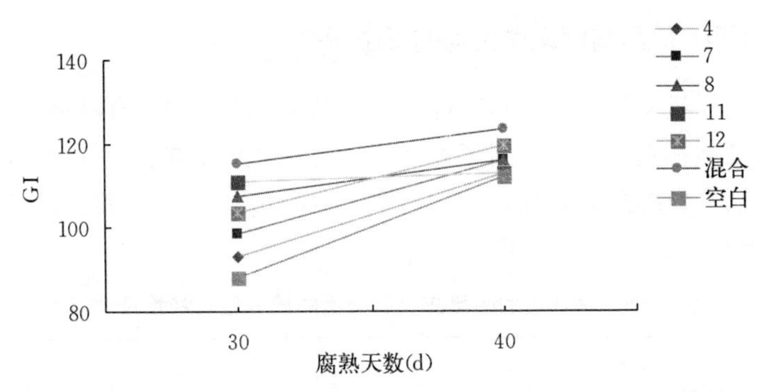


图 5-18　5 种微生物单一与混合菌液与羊粪发酵 GI 观测结果

作用的微生物有 7 种（其中细菌 4 株、真菌 3 株），与空白对照相比，在 3 d 内对氨的平均去除率分别为 77%、86%、90%、89%、85%、83%和 79%；对硫化氢具有显著吸除作用的微生物有 5 株（其中细菌 3 株、真菌 2 株），对硫化氢的去除率分别为 78%、63%、77%、71%和 68%；既除氨又除硫的微生物有 6 株，对两者去除率均达 60%以上。由于时间与不同处理均可能对促腐过程中臭气释放量产生影响，因此，对数据进行无重复双因素方差分析，处理间差异极显著（$P<0.01$），见图 5-19。

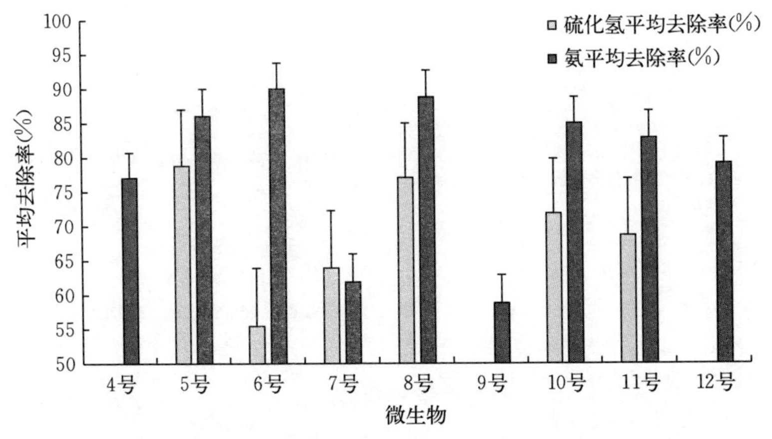


图 5-19　筛选获得的微生物对氨或硫化氢气体平均去除率

### (四) 除臭与促腐微生物的形态学鉴定

将经过初筛、复筛和综合除臭腐熟实验验证的具有除臭促腐功能的细菌和真菌分别采用简单染色和无菌水制片方法进行镜检，其中包括 7 种细菌和 3 种真菌，具体生物培养生长特性与功能结果见表 5－5。

**表 5－5　筛选后的除臭或促腐微生物培养生长特性及功能**

| 编号 | 类型 | 菌落形态 | 菌落颜色 | 培养温度（℃） | 培养基 | 染色形态 | 功能 | 效果 |
|---|---|---|---|---|---|---|---|---|
| 4 | 细菌 | 中心透明环状向四周扩散 | 淡黄色 | 30 | 牛肉膏固体培养基 | 双短杆连在一起 | 促腐<br>除氨 | ＋＋＋＋<br>＋＋＋＋ |
| 5 | 真菌 | 白色环状，菌丝呈白色带有黑褐色孢子头 | 白色 | 28 | 马丁氏培养基 | 菌丝白色透明，孢子头黑褐色带有粒状孢子 | 除硫<br>除氨 | ＋＋＋<br>＋＋＋＋ |
| 6 | 真菌 | 褐色团状，菌丝淡褐色，带有较小的孢子头 | 褐色 | 28 | 马丁氏培养基 | 菌丝褐色，孢子头淡褐色带有粒状孢子 | 除硫<br>除氨 | ＋＋<br>＋＋＋＋ |
| 7 | 细菌 | 呈连续的小圆珠状菌落 | 淡黄色 | 30 | 牛肉膏固体培养基 | 短粗单杆状 | 促腐<br>除硫<br>除氨 | ＋＋＋＋<br>＋＋＋<br>＋＋＋ |
| 8 | 细菌 | 呈乳状弥散状 | 乳白色 | 30 | 牛肉膏固体培养基 | 两个大小相同的短杆组成 | 促腐<br>除硫<br>除氨 | ＋＋<br>＋＋＋＋<br>＋＋＋＋ |
| 9 | 真菌 | 呈蒲公英状 | 白色 | 28 | 马丁氏培养基 | 白色菌丝，中间带有结节状孢子 | 除氨 | ＋＋＋ |
| 10 | 细菌 | 成片白色粉末状 | 白色 | 30 | 牛肉膏固体培养基 | 小的椭圆状 | 除硫<br>除氨 | ＋＋＋＋<br>＋＋＋＋ |

（续）

| 编号 | 类型 | 菌落形态 | 菌落颜色 | 培养温度（℃） | 培养基 | 染色形态 | 功能 | 效果 |
|---|---|---|---|---|---|---|---|---|
| 11 | 细菌 | 呈酸奶状 | 乳白色 | 30 | 牛肉膏固体培养基 | 由一长一短两个杆状组成 | 促腐<br>除硫<br>除氨 | +++<br>+++<br>++++ |
| 12 | 细菌 | 表面微微凸起呈半圆状 | 白色 | 30 | 牛肉膏固体培养基 | 芝麻状 | 促腐<br>除氨 | ++<br>++++ |
| 13 | 细菌 | 鼻涕状 | 中心略带黄色整体无色透明 | 30 | 硅酸盐细菌培养基 | 由两个细小椭圆杆状组成 | 除硫 | ++ |

注：“++”表示有一定的促腐或除氨或除硫能力；“+++”表示促腐或除氨或除硫能力较强；“++++”表示有促腐或除氨或除硫能力显著。

优化培养基及筛选条件是影响筛选效果的关键，课题组首先进行耐氨、耐硫微生物的富集，通过初筛、复筛和综合促腐效果验证等步骤，从羊粪养殖蚯蚓后产生的蚯蚓粪中分离和筛选高效促腐微生物，较常规筛选方法具有一定的科学性和可行性，缩小了筛选范围，并取得了较好的筛选结果，为今后从各类畜禽粪便中筛选高效促腐除臭微生物具有一定的借鉴价值。温度、pH 和 GI 3 项指标是影响畜禽粪便腐熟发酵效果的重要因素（时小可等，2015）。试验结果表明：添加微生物菌液各瓶中的温度在腐熟发酵第 18～24 天和第 34～36 天变化幅度较大，均显著高于空白和阴性对照组，与此期间添加微生物试验组瓶内 pH 变化相吻合，说明添加的 5 种微生物参与瓶内羊粪氨类复合物和有机酸合成与分解过程，并对瓶内羊粪腐熟发酵过程中 pH 有一定调节功能；添加微生物的各处理瓶 GI 均大于对照组，进一步证明了在新鲜羊粪中添加适当比例上述微生物能够加速分解羊粪中的有害物质，促进腐熟进程。随着添加微生物浓度的增加，羊粪发酵腐熟效果增强，且混合菌液较单一微生物菌液对羊粪促腐发酵效果显著，说明以上 5 种微生物之间有一定的协同促腐作用。纳氏试剂分光光度法与碘量法是检测空气或水体中氨、氮与硫化氢含量的一种灵敏且常用的方法（王余萍等，2008；王学平等，2012），试验对除氨和除硫化氢微生物的初步筛选采取不同的策略，由于硫化氢气体不易制备和定量，试验采用新鲜羊粪作为硫化氢气体源进行筛选，虽然存在一定的误差，但最终在综合效果验证中得到证明。综上所述，课题组已从新鲜蚯蚓粪中筛选获得 10 株对羊粪具有促腐和除臭功能的微生物，为了进一步利用以上天然微生物促进羊粪腐熟发酵及除臭，试验已开展对上述微生物拮抗和组合功能试验工作，并已取得相关进展。

## 第五节　小型羊粪有氧发酵模拟器的研制与应用

### 一、研究背景

目前羊粪堆肥发酵影响因素较难控制，主要存在堆制作业不专业、堆肥地点不固定、操作技术不规范、堆肥腐熟时间较长、有害气体释放较多、二次污染严重及堆肥效率低下、羊粪中有机质损耗严重等问题。如何对羊粪资源实现高效利用，减少环境污染，已成为制约洞庭湖区生态环境保护与广大肉羊养殖业可持续发展的瓶颈。

我国关于实验室小型发酵装置研制的报道较少，目前还没有专门针对羊粪发酵小型化试验装置的模型。现有技术中，关于畜禽粪便发酵处理设备，一般主要由发酵滚筒、支承装置、驱动装置、进出料装置、加热搅拌装置和通风装置等一系列结构组成。这类装置存在体积庞大、研发成本高、花费材料较多、占地面积大、装置配套设施要求高、损坏和维修费用大等问题，不利于小型试验数据和样本的获取与分析。为了解决上述问题以及进一步对羊粪发酵无害化处理与利用展开相关研究，课题组进行了羊粪小型有氧发酵模拟器的设计，并已取得实用新型专利授权，具体设计及应用范围介绍如下。

## 二、羊粪小型有氧发酵模拟器的优点及应用范围

羊粪小型有氧发酵模拟器的设计理念先进，可实时检测容器内羊粪好氧发酵及腐熟的进程。该模型具有采样方便且能够对容器内羊粪的发酵进程实时监控的特点。发酵模型中设置一手动式叶轮装置，便于翻动搅拌物料，避免发酵过程中温度不均和供氧不充分。发酵容器设有多个测温孔，便于温度的实时监测。发酵模拟器装置正面下端设一出料口，便于取样和清空容器内物料的操作。容器底部设有轮滑，便于容器的移动。与现有技术相比，该模型可模拟自然有氧发酵整个过程，模型便于测定温、湿度，物料和气体取样，pH 测定等操作；全封闭设计，一次装填羊粪，可避免常规发酵试验中由于发酵温度受到外界环境温度波动的影响，避免二次污染，便于收集发酵气体；设计有搅拌轴、压条等部件，避免发酵过程中温度不均匀和供氧不充分等问题而影响试验结果。

课题组研制的羊粪小型有氧发酵模拟器可以解决目前设备研制成本高、占地面积大、维修运营成本高，以及羊粪与不同辅料配合后有氧发酵相关试验数据和样本采集与获取影响因素较多、试验数据变动差异大、重复性差等问题。该发酵模型比较适合科研院所对牛、羊粪便高温堆肥腐熟机制、过程及堆肥微生物动态变化，C/N 配方设计优化筛选，好氧堆肥影响因素控制，优化堆肥工艺等相关研究，有利于羊粪有氧发酵相关试验数据和样本的采集与获取。对发展羊粪有机肥、实现羊粪无害化处理与资源化利用，指导和解决当前及今后国内羊粪资源立体综合利用具有重要的现实意义。

## 三、设计图纸与使用说明

如图 5－20 至 5－22 所示，新型小型羊粪有氧发酵模拟器有底座、呈倾斜状焊接在底座上的卧式容器体、4 个滚轮。容器体与水平方向的倾斜角度为 1.59°，圆筒状容器体的内壁直径为 30 cm、

长为 180 cm。容器体的壁为双层壁且双层壁间隔 5 cm，在双层壁之间有泡沫填充层。在容器体顶部开有进料口，在进料口处设有上料门，上料门一侧通过合页与进料口对应侧的容器体壁铰接。上料门另一侧与进料口对应侧的容器体壁可拆卸连接，在上料门上开设气体采样孔、测温孔，上料门上还通过螺栓固定有上料门把手。在容器体一侧底部开有出料口且在出料口处设置出料门。出料门底部铰接在容器体壁上；出料门顶部连接在容器体壁上，可以拆卸。出料门设置在容器体高端侧。容器体内固定有搅拌轴，搅拌轴两端分别通过轴承、轴承座固定在容器体两侧壁上，搅拌轴其中一端穿过容器体壁后连接转动摇臂，搅拌轴上以焊接的方式固定有向上伸展和向下伸展的若干长短不一的钢条。在容器体远离出料门的一侧（即低端侧）底部开设多个渗水孔，渗水孔的一侧下方设有接水盘，接水盘焊接在底座上，利用渗水孔将容器内多余水分排出。在容器体位于出料门侧的顶部以嵌入的方式固定有温湿度显示器，而与温湿度显示器通过电线连接的湿度探测头、温度探测头位于容器体内部，温湿度显示器还通过电线连接有电插头。在容器体左侧上部及右侧上部均开有一观察口，在观察口处以镶嵌的方式固定玻璃观察窗。在上料门与出料门内侧边缘均卡设有橡胶垫圈，起到密封的效果。

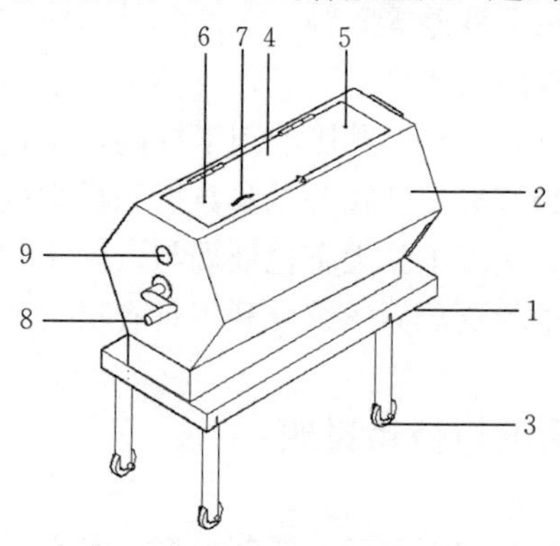


图 5-20　模拟器正向结构示意图

1 底座　2. 容器体　3. 滚轮　4. 上料门　5. 采样孔　6. 测温孔　7. 上料门把手　8. 转动摇臂　9. 玻璃观察窗

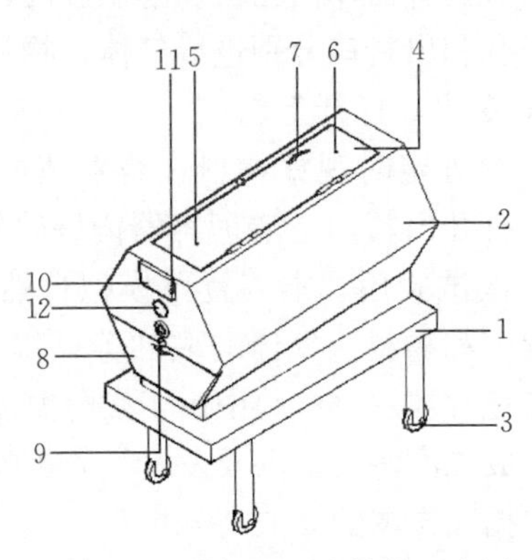


图 5-21　模拟器反向结构示意图

1. 底座　2. 容器体　3. 滚轮　4. 上料门　5. 采样孔　6. 测温孔　7. 上料门把手　8. 出料门　9. 出料门把手　10. 温湿度显示器　11. 电源插头　12. 玻璃观察窗

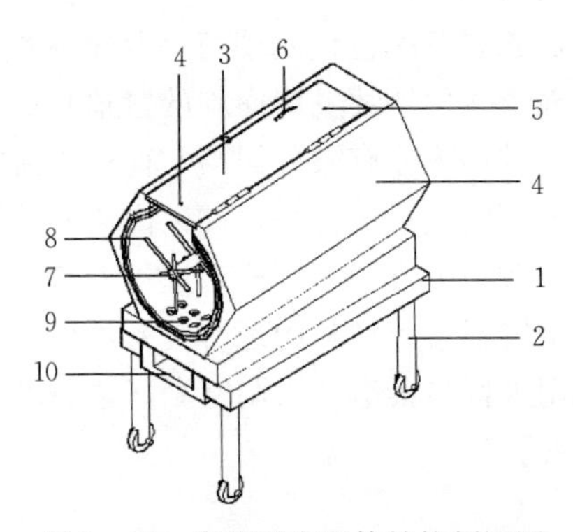


图 5-22　模拟器容器体结构剖视图

1. 底座　2. 滚轮　3. 上料门　4. 采样孔　5. 测温孔　6. 上料门把手　7. 搅拌轴　8. 压条　9. 渗水孔　10. 接水盘

使用时，打开上料门，将一定 C/N 配方设计的试验用羊粪放入容器中，边上料边手摇转动摇臂，带动搅拌轴搅拌，压条将容器体内的物料充分紧实。上料完毕后将上料门关闭（实际中采用的可旋转的门卡将上料门一侧可拆卸固定在容器体上），插上电源插头，通过温湿度显示器观测容器体内物料发酵温湿度，按照不同试验要求定期从气体采样孔和出料口分别进行气体、物料的采样操作，定期根据容器内温度变化，打开上料门、手摇转动摇臂，给物料通氧，并从玻璃观察窗处定时观察物料在容器体内的颜色、疏松度等。试验完成后，打开出料门，清理容器内壁物料后，用水冲洗，并晾干，以备下一次试验用。本装置可模拟自然有氧发酵整个过程，便于测定温湿度和物料、气体的取样等操作，全封闭式设计，一次装填粪便，避免常规发酵试验中由于发酵温度受到外界环境温度波动的影响，造成二次污染，以及发酵气体难收集等问题，非常适用于小型试验数据和样本的获取与分析。

## 第六节　洞庭湖区羊粪新型生态堆肥模式及应用

近年来，洞庭湖区多数养殖企业相继采用多种技术和途径对粪污进行减量减排，粪尿的无害化处理与资源化高效利用已成为现阶段洞庭湖区肉羊养殖业可持续发展面临的紧迫且重大问题。笔者结合近年来与安乡县雄韬牧业有限公司与常德市深耕农牧有限公司校企合作经验，探索与实践了适合洞庭湖区肉羊养殖企业（户）粪尿处理的层叠式羊粪新型生态堆肥模式，通过养殖企业和养殖户的实际运用证明，效果较好。旨在利用现有资源加快和拓宽羊粪无害化处理与资源化利用进程与渠道，为洞庭湖区羊粪堆肥工艺改进与优化提供可行性参考。

### 一、蚯蚓粪堆肥腐熟羊粪的科学性与可行性

利用畜禽粪便养殖蚯蚓具有周期短、见效快的特点，可达到既提供动物蛋白质又能处理粪便的目的。针对洞庭湖区养殖企业（户）养殖与经营特点，为了加快和拓宽羊粪无害化处理与资源化利用的进程与渠道，课题组近年来与安乡县雄韬牧业有限责任公司和常德市深耕农牧有限公司合作，通过大田养殖试验，确定羊粪养

殖蚯蚓的可行性，成功构建了“羊—蚯蚓—鱼—禽”生态型循环健康养殖模式，并进行了应用推广。蚯蚓粪是蚯蚓消化分解有机物排出的具有高孔隙度颗粒状物质，富含大量微生物。为了进一步拓展“羊—蚓—鱼—禽”生态型循环健康养殖模式，充分利用蚯蚓粪特质促进羊粪腐熟发酵，明确羊粪中添加蚯蚓粪后的腐熟发酵与除臭效果。课题组前期采用瓶装腐熟发酵法，在新鲜羊粪中分别添加不同比例的用羊粪养殖“大平3号”蚯蚓后的蚯蚓粪，定期观测腐熟温度、pH、含水率、色泽、疏松度、气味、GI等指标，并对氨和硫化氢气体去除率进行检测。试验结果都表明蚓粪是羊粪腐熟的天然发酵与除臭剂，添加适当比例蚓粪对羊粪腐熟发酵具有促进作用，并对发酵过程中产生的氨和硫化氢气体具有明显的消除效果。利用蚯蚓粪堆肥腐熟羊粪极具科学性与可行性，相关内容详见本章第二至第四节。

## 二、层叠式羊粪堆肥腐熟工艺与主要影响因素分析

### （一）层叠式羊粪堆肥腐熟原理及特点

采用静态堆肥模式，利用羊粪进行蚯蚓养殖后产生的大量蚯蚓粪，定期按比例将蚯蚓粪施撒到漏粪地板下新鲜粪面上，使羊粪、蚯蚓粪叠层排布，通过控制羊粪内水分，利用蚯蚓粪中天然促腐除臭微生物，达到促进羊粪腐熟发酵和消除发酵过程中有害气体的目的，发酵后的羊粪仍可作为优质蚯蚓基料进行蚯蚓养殖。层叠式羊粪堆肥腐熟工艺具有羊粪腐熟发酵速度快、有害气体排放少、运输费用及人工消耗少等特点。该模式通过把现有资源化利用技术进行科学组合，实现了羊粪资源就地立体综合循环利用，羊、蚯蚓搭配养殖，有效提高了单位面积内养殖密度以及有机羊和蚯蚓的数量、产量与质量，促进了农民增收，综合效益十分显著。

### （二）层叠式羊粪堆肥腐熟工艺与参数

**1. 蚯蚓粪来源**　根据课题组前期构建并大力推广应用的“羊—

蚓—鱼—禽”生态型循环养殖模式中利用羊粪养殖蚯蚓的方法进行“大平 3 号”蚯蚓露天养殖。选择排水良好的地块，将土地整平、镇压后，添加腐熟处理后羊粪基料。一般蚯蚓床宽 1 m、高 15～20 cm，蚯蚓床间隔 1 m，蚯蚓床浇两遍透水，基料湿度达到 60%后可投放种蚯蚓，养殖密度以 150 g/m$^2$ 或 3 000 条/m$^2$ 为宜。下种后蚯蚓床需覆盖稻草，稻草厚度 8～10 cm，1 个月左右翻床 1 次。定期根据蚯蚓床蚯蚓活动和吃食情况添加腐熟基料，每收获 1 次蚯蚓即可收获蚯蚓粪。蚯蚓粪要定点回收堆放，保持蚯蚓粪湿润。一般养殖场每年可消耗羊粪 75 kg/m$^2$，年产蚓粪 30 kg/m$^2$，肉羊养殖企业（户）可根据肉羊养殖数量确定蚯蚓养殖规模。

**2. 硬件设施** 该模式硬件设施应重点考虑地面材料，漏缝地板规格以及地面与漏缝地板间的空间。羊舍漏缝地板下的地面应用水泥硬化，防止羊粪尿渗透污染地表水及周围环境，水泥厚度不少于 10 cm；漏缝地板与硬化后地面的垂直距离以 180～200 cm 为宜，便于人工操作；漏缝地板宜采用宽 3～4 cm，厚 3.5～4 cm，长 200 cm，尺寸一致的木条，间距 2 cm（漏缝），将木条钉在高床羊舍的木架上。或将 25～30 组木条按漏缝间距组装成漏缝床面，再逐一镶契在高床木架上，一般不用竹子制作漏缝地板床面。

**3. 工艺流程** 硬化水泥地面上的羊粪厚度每增加 15～30 cm，需添加 3～5 cm 厚度的蚯蚓粪，并保持羊粪含水率不低于 65%，炎热夏季需喷淋粪床，增加粪床湿度，以保证蚯蚓粪中天然促腐除臭微生物活性。洞庭湖区夏季温度高，羊粪腐熟较快，内部温度高，应适当增加添加蚯蚓粪的厚度与频率，冬季则相反。羊粪的腐熟速度与蚯蚓粪添加的厚度与频率呈正比。当粪床高度达 100 cm 时，下层羊粪都已发酵腐熟，色泽变为黑色，无刺激性气味，粪粒疏松柔软，pH 呈弱碱性，根据粪床面积即可进行人工或机械清粪操作并作为基料进行蚯蚓养殖。

### （三）主要影响因素

叠层式羊粪堆肥腐熟是利用蚯蚓粪中天然促腐、除臭微生物，促进羊粪腐熟发酵。粪床中的温度、水分、pH、C/N、氧含量、初始物料颗粒大小、微生物种类与数量以及粪床高度等是影响粪床堆肥发酵效果的主要因素。蚯蚓粪疏松多孔，具有调节粪床中 pH 以及微生物种类与数量的作用，因此采用叠层式羊粪堆肥腐熟工艺的操作过程中，温度、水分以及蚯蚓粪添加量是影响羊粪堆肥品质和速度的关键因素。当环境温度为 20～35 ℃时，粪床内部中心发酵温度可达 50～60 ℃，可杀灭大量的病原微生物，但是粪料过高的温度可明显抑制微生物数量，使其活性减弱，不利于羊粪的快速腐熟。因此，通过增加添加蚓粪的频率可不断补充粪床促腐微生物数量，推进促腐进程。因此，采用叠层式羊粪堆肥腐熟工艺在夏季添加蚯蚓粪的厚度与频率要比冬季多。有氧堆肥过程中，堆体中的含氧量直接影响微生物的活动。一般采用漏粪式地板羊舍多为高床羊舍，存放羊粪的相对空间较大，通风良好，由于羊粪呈颗粒状以及蚯蚓粪的多孔隙度，通常情况下，粪床中的含氧量为 5%～10%，基本满足有氧发酵对氧气的需求，不需要再进行翻堆操作。粪床的含水率是影响堆体微生物活动的另一重要因素，过低的含水率会使微生物的代谢停止，通过定期喷淋粪床，使粪床含水率保持在 55%～65%有利于粪床内羊粪的快速腐熟。

## 三、洞庭湖区羊粪新型生态堆肥模式应用效果与展望

实现养殖排泄物的减量减排以及无害化处理与综合利用，是实现洞庭湖区肉羊养殖业可持续发展的根本途径。随着湖区肉羊养殖业污染的加剧，只有通过羊粪资源的多级利用，才能有效解决肉羊养殖业环境污染现状。近年来，课题组与多家肉羊养殖与销售公司进行产、学、研校企合作，开展洞庭湖区羊粪资源无害化高效利用关键技术研究与示范项目的研究，成功构建并推广应用了“羊—蚓—鱼—禽”生态型循环养殖模式，为了进一步对该养殖模式进行拓展，实现经济效益与生态效益最大化，课题组又进行了层叠式新型羊粪堆肥腐熟模式相关研究，在前期试验结果基础上，成功在多家

养殖企业（户）实际应用。

羊粪立体综合生态循环利用新模式的成功构建，不仅提高了羊粪腐熟发酵的速度，减少了有害气体排放，节约了运输及人工成本，还有效提高了单位面积内有机羊、鱼、禽、蚯蚓的数量与产量，取得了较好的经济效益与生态综合效益。实践证明，层叠式新型羊粪堆肥腐熟模式是一种高效环保、切实可行的堆肥实用技术，实现了羊粪资源的多级利用，相信随着该模式的应用与推广，必将在羊粪污染治理、生态环境保护以及洞庭湖区肉羊养殖业可持续发展助推乡村振兴等方面发挥更大的作用。

# 第六章
# 杜泊羊与湖羊生态健康养殖模式与应用

结合洞庭湖区平原气候环境条件和秸秆资源优势，本章主要介绍两种生态健康养殖模式：“草—羊—蚓—鱼—禽”生态循环健康养殖模式和“茶—蚓—禽”种养结合生态健康养殖模式。为了发展洞庭湖区杜泊羊和湖羊特色养殖，调整当地农业产业结构，推进农业产业化经营，增加农民收入，助推乡村振兴，本章在上述两种健康养殖模式基础上，提出“蚓领时代”谋发展，“羊帆启航”富民羊——智创生态种养经营理念，以互联网为渠道，对上述两种生态健康养殖模式生产的有机农副产品进行营销策略与运作方案的规划布局，拟通过建立信息平台进行有机产品的销售，普乡惠民，促进农民增收。

## 第一节　生态健康养殖模式

### 一、“草—羊—蚓—鱼—禽”生态循环养殖模式应用及效果

应用和推广“草—羊—蚓—鱼—禽”生态型循环健康养殖模式，可有效提高养殖经济效益和生态综合效益，为建设现代化、标准化养殖基地，构建种、养互动型生态畜牧养羊业，实施肉羊中小规模标准化循环健康养殖提供示范与指导。

洞庭湖区独特的地域与气候特点要求广大肉羊养殖场（户）科学合理地利用当地资源，因地制宜地发展具有自身地域特色的高效生态型循环健康养殖。笔者针对洞庭湖区养殖场（户）目前养殖与经营的特点，结合近年来与安乡县雄韬牧业有限公司合作开展生态健康养殖的经验，以羊粪利用为主线，详细介绍“草—羊—蚓—

鱼—禽”生态型循环健康养殖模式。通过应用牧草种植—山羊饲养—羊粪收集—蚯蚓养殖—鱼、禽饵料—蚓粪及禽粪回收再利用的生态型循环型健康养殖模式，有效拓展养殖经济链，实现养殖效益、社会效益及环境效益和谐共赢，为推广肉羊健康养殖模式及实用技术，发展湖区区域特色经济，提高经营收益提供可行性参考。

### （一）发展生态型循环养殖的意义

我国是养羊大国，肉羊养殖产生的大量粪尿对生态环境造成了极大压力。大力发展生态型循环养羊业，对促进农村经济结构战略性调整，提高群众生活质量，促进农民增收和农业经济可持续发展都具有十分重要的意义。养殖业生产应在注重经济效益的同时，加大资源的开发利用，大力发展和推广技术成熟、高效、环保的养殖循环模式，实现畜牧养殖废弃物综合循环利用，在有效保护生态环境的同时达到养殖效益的最大化。近年来，随着国家对农业、畜牧业循环经济发展的高度重视，我国畜牧养殖业循环经济得到了快速发展。由于我国循环经济发展起步晚、时间短，循环模式尚处于探索和逐步完善阶段。随着养羊业快速发展和存栏量的快速增长，羊粪尿的污染已成为目前我国养殖企业急需解决的生态问题。近年来，笔者对一些养羊大户进行了相关生态型循环利用研究的试点工作，取得了明显的成效，积累了一些相关技术经验。事实证明，在洞庭湖区推行“草—羊—蚓—鱼—禽”生态型循环健康养殖模式具有科学性和可行性，是一种可持续发展的新型立体种养模式，值得大力推广应用。

### （二）“草—羊—蚓—鱼—禽”生态型循环模式介绍

“草—羊—蚓—鱼—禽”生态型循环模式是运用循环模式合理改善养殖方式，以牧草种植与肉羊养殖为基础，羊粪无害化与资源化利用为主线，向沼气制备、食用菌植料、蚯蚓养殖等辐射，构建种、养互动的有机生态型畜牧业，通过种、养有机结合，分别建立“牧草种植—肉羊养殖—羊粪收集—制沼—沼气沼渣利用—牧草”

“肉羊养殖—羊粪收集—蚯蚓养殖—鱼、禽饵料”“肉羊养殖—羊粪收集—蚯蚓养殖—蚓粪—食用菌栽培”3条循环经济链，形成有机循环模式。该模式从粪便高效利用及增收创收的角度，通过养殖业与种植业的相互衔接及作用，构建良性循环农畜养殖生态系统，体现了高效、循环、收益的有机统一。循环、可持续发展及效益最大化的理念贯穿于整个循环模式中，有效实现资源在不同链条间及不同产业间最充分、合理的利用。该模式经过3条不同的循环链条，合理高效地对肉羊养殖产生的粪尿资源进行多级利用，转化为可供利用的燃料及有机食品，既可消除粪便污染，又可增肥地力，发展环保清洁能源，实现有限资源良性循环与节能减排、持续发展的目标。

### （三）“草—羊—蚓—鱼—禽”生态型循环模式效益分析

#### 1. 经济效益

（1）健康养殖产生的经济效益。利用家畜粪便养殖蚯蚓是极具市场潜力和竞争优势的新兴产业，是畜禽健康养殖价值的重要体现。据报道，蚯蚓体内含6.6%～22.5%的蛋白质和23种氨基酸，营养价值高，是一种优良动物性蛋白质饲料，利用蚯蚓饲喂甲鱼、黄鳝、家禽等动物后，能有效提高动物饲料利用率及摄食量，显著改善动物肉质和风味。研究表明，每头肉羊每天排出羊粪2.2～2.5 kg，每年产粪800～900 kg，中等规模的肉羊养殖场（300只羊）年产羊粪约250 t，每年可供养殖蚯蚓约300 kg，按蚯蚓市场价格50元/kg计算，除去成本每年养殖蚯蚓至少可获利1万元。传统的鱼、禽养殖生产中，饲料成本占养殖成本的30%～60%，所用饲料多数为含有各种添加剂的配合饲料，虽然鱼、禽食用饲料后生长增重快，但肉品质量和风味较差，售价较低。利用蚯蚓饲喂鱼、禽后经济效益远远高于传统饲料饲养的畜禽。以鱼、禽类养殖为例，普通常规饲料养殖的鱼、禽市场价格一般为10～20元/kg，而以蚯蚓作为搭配饵料生产的有机鱼、禽市场价格一般为30～50元/kg，增收效益十分显著。

（2）沼气利用产生的经济效益。羊粪制沼是循环经济中的主要环节，以沼气、沼渣、沼液的利用为纽带，既可处理羊粪尿资源，改善环境，又可方便居民生活，实现循环利用、节能环保与种养平衡。实践表明，修建一座容积 10～13 $m^3$ 的沼气池，全年可产沼气约 500 $m^3$，作为生活燃料可节约煤炭 2 000 kg，节约燃料费用约 900 元/年。制沼后的沼渣可用于食用菌栽培，沼渣富含丰富的营养物质，具备质地松软、保湿性好、酸碱适中等优点，沼渣中所含有的各种矿物质能满足菌类生长需要，是人工栽培香菇、平菇、鸡腿菇等食用菌较佳的培养基料，图 6-1 为课题组利用蚯蚓粪和沼渣替代传统栽培基料生产的食用菌。沼液中含有大量的氮、磷、钾，适宜农田肥力的改善，施用于种植的牧草增产效果显著。沼液本身作为一种生物农药，经纱布过滤后喷洒，对减少害虫、增产施用效果好。

图 6-1 以蚯蚓粪和沼渣为主要基料种植的平菇

图 6-2 以蚓粪为主要原料研制的花果有机肥

（3）综合经济效益。目前，羊粪价格 10～20 元/t，通过养殖蚯蚓产生的蚯蚓粪价格为 80～100 元/t，蚯蚓粪产量为 20～30 t/亩，除去人工及运输费用后，每年直接收益 2 000 元/亩。如果经堆肥后制成高档有机肥，每吨售价 300～500 元，增收效益十分显著。施用蚯蚓粪可节省化肥用量，生态环保，是园林绿化、草坪花卉、生产绿色无公害蔬菜食品首选的有机肥。图 6-2 为课题组以蚓粪为主要原料研制的花果有机肥。通过蚯蚓粪收集，大力发展深加工，生产作物专用有机肥，可增加养殖附加值，有较高的经济效益和生态效益，开发前景广阔。在不考虑常规养殖污染治理费和电费等支出情况下，年出栏300头肉羊的养殖场采用“草—羊—蚓—鱼—禽”高效循环生态养殖方式，与常规养殖相比可增创2.5万～3万元的经济效益，极具科学性和可行性。

**2. 社会效益** 养殖场通过种植甜高粱等牧草、饲养肉羊、羊粪收集后养殖蚯蚓、有机养殖、蚯蚓粪开发利用等环节，吸纳了社会闲散劳动力，增加了农村就业岗位，促进了农村和谐稳定与可持续发展。随着“草—羊—蚓—鱼—禽”生态型循环养殖模式的应用与推广，在推动生态健康养殖、清洁能源利用、粪尿综合治理、农民增收及农村可持续发展等方面将取得更大的效益。

**3. 生态综合效益** 在“草—羊—蚓—鱼—禽”生态型循环系统中，羊粪尿直接用于蚯蚓养殖，实现了粪尿的零排放，有效减少了对环境造成的污染。粪尿的合理利用与无害化处理，减少了因粪尿污染造成传染性疾病及寄生虫病的暴发流行，大大降低了用药成本，使羊肉中的药物残留量有效降低，提升了有机肉品质量与风味。羊粪的就地利用节约了运输费用。“草—羊—蚓—鱼—禽”种养结合，有效提高了单位面积内养殖密度及有机羊、蚯蚓、鱼、禽、草的数量与产量。在农田及草场中施用沼液、蚯蚓粪、禽粪后，节约了农药化肥用量，提高了有机农产品及饲草的产量与质量，综合效益十分显著。

规模化与集约化是我国肉羊养殖业发展的必然趋势，实现养殖排泄物的零排放及粪便无害化处理与综合利用，是建立节约型社会的前提，也是实现湖区肉羊养殖业可持续发展和助推乡村振兴的根本途径。实践证明，“草—羊—蚓—鱼—禽”生态型循环模式是一种高效环保、种养紧密结合、切实可行的生态健康养殖实用技术。该技术能多级利用羊粪资源，减轻养殖废弃物对环境的污染，提高有机农副产品的产量与质量，促进农民增收。相信该模式在国内各大肉羊养殖场的应用与推广，必将在发展当地特色循环经济与乡村振兴方面发挥重要作用。

## 二、“茶—蚓—禽”种养结合生态养殖模式应用及效果

课题组前期成功构建并推广应用了“草—羊—蚓—鱼—禽”生态型循环健康养殖模式。为了进一步对该养殖模式进行拓展，充分利用茶林间隙土地实施种养立体开发，促进丘陵坡地水土保持以及农民增收、创收，实现经济效益与生态效益最大化，笔者以湖南应用技术学院农林科技学院丘陵坡地的千亩油茶林为试验基地，通过在油茶林下利用牛粪、羊粪养殖蚯蚓和土鸡，探索与实践了一种“茶—蚓—禽”种养结合的新型生态模式，对丘陵坡地油茶林下间隙养殖蚯蚓的技术参数和实际效果进行记录，实施生态立体种养，利用丘陵坡地资源发展林下经济，提高综合效益。该模式对于拓展羊粪养殖蚯蚓种养生态链，指导和解决当前丘陵坡地油茶种植普遍存在前期投入大、产出低、树间土地利用少等现实问题，发展丘陵坡地区域经济具有重要的现实意义。

油茶是我国重要的特色木本油料树种。近年来，国家相继出台了一系列扶持油茶产业的政策措施，利用林地规模化集约化发展油茶产业，极大增强了广大农户的积极性。然而，当前油茶种植普遍存在前期投入大、产出低、丘陵坡地保水性差、土质贫瘠、坐果率和收益较低、树间土地利用率低等现实问题。如何有效利用丘陵坡地茶林间隙建立初栽到丰产的田间综合管理模式发展林下经济，已成为当前油茶产业发展中急需解决的关键问题。利用丘陵坡地林地间隙，通过“茶—蚓—禽”种、养结合新型生态模式的探索与实践，能够改善茶林土质，培肥地力，增强茶树长势，提高挂果率。通过蚯蚓与土鸡养殖，拓展羊粪养殖蚯蚓种养生态链，增加了农户林下立体综合收益，取得了较好效果，值得借鉴并大力推广。现就该模式中丘陵坡地油茶林下蚯蚓养殖相关技术介绍如下。

### （一）试验基地内油茶种植概况

试验基地位于湖南省常德市鼎城区丁家港，茶林面积约 2 900

亩，最高海拔高度约 500 m，坡度约为 26°，属典型的低山丘陵地貌。土壤多为红壤，部分地块风化岩和砾石较多，气候属大陆性亚热带季风气候，四季较为分明，日照充足，雨量充沛，夏季最高气温约 39 ℃，冬季最低气温约 −5 ℃。油茶种植品种主要有湘林 210、湘林 35、铁城 1 号、华硕、华金、华鑫等，每亩种植 110 株，株行距 2 m×3 m，株高 70～140 cm，林下植被主要以低矮杂草为主。前期在茶树苗购买、土地租用、人工等方面投入较大。虽然近年来茶树挂果率逐年上升，但由于丘陵坡地保水性差，土质较为贫瘠，坐果率和收益均较低。

### （二）丘陵坡地油茶林下蚯蚓养殖技术

**1. 蚯蚓养殖地块选择**　油茶林下露天养殖蚯蚓一般选择交通方便，水源充足，地表平整，排水良好，土质松软，油茶株高较小，间距较大，土层较厚，保水性较好的坡地梯田。前期养殖面积以 0.5 亩为宜，根据实际效益可逐渐扩大规模。蚯蚓养殖前应平整土地，拔除杂草，养殖地块周围需架设高度为 3 m 的塑料网或铁质围栏。对于偏远地块可预埋输水管道，水管直径不少于 4 cm，便于喷淋等人工操作。

**2. 具体养殖方法**　首先将选择好的地块土地整平、镇压，将发酵 15～30 d 的牛粪或羊粪基料在茶林间隙进行蚓床打垄铺制。蚓床宽度（垄宽）应为 1 m 或小于 1 m、高度 20 cm，养殖长度根据具体情况制定，蚓床间距应大于 100 cm，便于林下人工操作，蚓床与油茶树间距 100 cm 以上。蚓床铺制完毕后，对蚓床浇 1 遍水，待基料湿度达到 60%～70%时就可以下种，蚯蚓品种宜选用赤子爱胜蚓（“大平二号”或“大平三号”），养殖投放密度以 100～150 kg/亩为宜，蚓床上铺一层 5～7 cm 左右厚度稻草，起到保湿、保温、遮光的作用。下种后 1 个月左右用钉耙深翻蚓床 1 次。蚯蚓 60 d 左右性成熟，温度为 20～28 ℃时，蚯蚓茧 15～20 d 孵化，养殖过程需及时加料和保湿，防止蚯蚓逃逸和死亡。一般蚯蚓养殖 50～60 d 时，添加牛粪或羊粪基料 1 次。油茶林下露天养殖蚯蚓年消耗牛粪或羊粪 45～50 t/亩，年产鲜蚯蚓 200～250 kg/亩，年产蚯蚓粪 20 t/亩，蚯蚓养殖 90～100 d 时即可进行收获。

**3. 四季管理技术** 低山丘陵地区，空旷高燥，夏天高温高湿，冬季多风寒冷。丘陵坡地茶林下蚯蚓的生长旺季在春季和秋季之间（10～20 ℃），低温或高温都会对其生长造成重要影响。油茶林下露天养殖蚯蚓在夏季应着重关注缺水和高温问题，通过定期喷淋蚯蚓床和覆盖稻草来解决。冬季可适当增加蚯蚓床高度或覆盖稻草厚度，也可架设简易塑料棚来提高蚯蚓床温度。深秋季节采摘茶果前，可进行 1 次鲜蚯蚓收获或土鸡采食，以防止蚯蚓床中蚯蚓较多被踩伤。

**4. 蚯蚓粪收获与处理** 林下蚯蚓养殖至 180 d 时，在蚯蚓床一侧铺设宽度 1 m 塑料膜，用钉耙把蚯蚓床上层 30 cm 厚的基料耙到塑料膜上进行收获。蚯蚓床下层的基料为蚯蚓粪，可就地施用到附近茶林中，也可定点堆放集中处理。如蚯蚓粪在茶林施用后可进行浇灌，以充分利用蚯蚓粪中的微生物和酶类改善土质，增加土壤肥力。

## （三）“茶—蚓—禽”种养结合生态循环模式初探与效果

循环、可持续发展及效益最大化理念是我国发展与构建种、养互动有机生态循环经济模式的核心内容。“茶—蚓—禽”是运用生态循环模式发展的种养经济模式，以油茶经济林种植为基础，以林下间隙土地利用为抓手，以牛粪或羊粪养殖蚯蚓和散养土鸡为手段，以蚓粪、禽粪改良与培肥林下土壤增加产量为目的，通过将种、养有机结合，构建种、养互动的有机生态型经济模式。土鸡放养密度为 60 只/亩，蚯蚓生长到 90～100 d 时，将养殖地块用塑料围栏分割成 3～5 块，每次打开 1 块围栏，把土鸡放入供其自由采食，土鸡通过刨、啄、翻等动作采食基料中的大部分蚯蚓，留下蚯蚓茧在基料中。采食 2～3 d 后，将土鸡放入另外一个围栏采食，采用轮放的方式依次进行，每采食完一个地块，用钉耙把土鸡刨散的基料耙回到蚯蚓床中，蚯蚓床中的蚯蚓茧通过土鸡自然松土通风后大量孵化，生长到 90～100 d 时，又可进行轮放采食。通过以上方式利用丘陵坡地油茶林地间隙露天养殖蚯蚓与土鸡，大大减轻了蚯蚓收获及蚯蚓粪处理耗费的人工，基料中的蚯蚓茧孵化率和幼蚓成活率大幅度提高；土鸡通过吃蚯蚓，补充了动物性蛋白饲料，鸡肉品质和风味有所改善；改善了茶林土壤有机质含量和疏松度，间接地促进了油茶林的生长。通过“茶—蚓—禽”种养结合探索与实践，初步构建了一种从油茶初栽到丰产的新型田间综合管理生态模式。从实际应用效果看，该模式极具科学性与可行性，对构建山地丘陵良性循环种、养殖生态系统，增加油茶经济林种植附加值，实现种植、养殖效益及环境效益和谐共赢具有重要意义。

图 6-3　采用“茶—蚓—禽”生态循环模式运营的茶园

### （四）建议与展望

通过利用丘陵坡地油茶林地间隙养殖蚯蚓与土鸡，构建“茶—蚓—禽”种养结合新型生态模式，不仅解决了羊粪处理问题与蚯蚓养殖对遮阳降温的需求，同时提供了充足的蚯蚓粪解决了油茶对水、肥的需求，降低了对化肥的使用量，增加了农户林下立体综合收益，取得了较好效果，适合在广大低山丘陵地区茶林大力推广。针对运用“茶—蚓—禽”种养结合新型生态模式的养殖场（户）提供以下几点建议：林下蚯蚓养殖所需牛粪和羊粪较多，为了节约运输费用，可把肉羊养殖场建在油茶林附近，还可使用猪粪按比例混合搭配养殖；在油茶林喷洒农药时，尽可能选用低毒低残留的农药，防止农药残留随雨水进入土壤对养殖的蚯蚓造成毒害；丘陵坡地土质较为贫瘠，所需有机肥较多，根据林下养殖蚯蚓和土鸡实际效益适时扩大养殖规模，以取得更大的综合生态效益。

## 第二节　生态健康养殖有机产品的营销策略与运作

### 一、“蚓领时代，羊帆启航”——智创生态种养

杜泊羊与湖羊作为优良的绵羊品种，目前已成为国内农户增收致富的新亮点。2018 年在洞庭湖区首次引入少量杜泊羊和湖羊以来，通过前期适应性养殖证明，在洞庭湖区实行杜泊羊与湖羊全舍饲养殖管理具有科学性与可行性，发展洞庭湖区杜泊羊和湖羊特色养殖具有得天独厚的区域优势。对调整当地农业产业结构、推进农业产业化经营、增加农民收入、助推乡村振兴具有重要意义。针对国内当前肉羊养殖行业发展缺乏可推广的立体循环生态养殖模式、资源利用率和单位面积内有机产品产出率低以及排泄物处理方式单一等问题，以前期校企合作取得的研究成果，提出并构建以羊粪蚯蚓养殖为核心，“草—羊—蚓—鱼—禽”新型生态循环种养模式为主线，采用“层叠式”新型羊粪堆肥腐熟工艺，通过专用发酵生物菌剂对舍饲条件下杜泊羊与湖羊粪便进行无害化处理以及羊粪、蚯蚓粪栽培食用菌等技术进行资源化利用，生产有机羊、鱼、禽、食用菌和蔬菜。安装摄像头通过互联网让养殖专家对整个生产过程进行生态智能化舍饲管理，实施疾病在线诊断并指导日常生产。以互联网为渠道对“草—羊—蚓—鱼—禽”新型生态种养模式进行推广，普乡惠民；对相关有机产品进行销售，增收富民，体现“蚓领时代，羊帆起航”智创生态种养的亮点。

“草—羊—蚓—鱼—禽”新型生态循环种养模式，即种甜高粱养羊，收集羊粪养殖蚯蚓，蚯蚓饲喂鱼和禽，而后利用蚯蚓粪发酵

羊粪和鸡粪后作为有机肥料再施用到高粱地，羊粪和蚯蚓粪还可作为栽培基料生产食用菌。这种种养模式合理高效地对肉羊养殖产生的粪尿资源进行多级利用，有效提高了单位面积内养殖密度及有机羊、蚯蚓、鱼、禽的质量与产量，实现经济效益与生态效益最大化。实施生态立体种养，可大幅减少羊粪尿的排放，增加养殖附加值，有效解决目前国内肉羊规模化养殖造成的环境污染，为肉羊中小规模循环健康养殖提供示范与指导。采用“企业—合作社—农户—技术专家”的方式，即企业负责提供优质种羊和销售，合作社负责常规技术帮扶和商品羊回收（保障肉羊的品质），农户负责杜泊羊与湖羊日常养殖与管理，技术专家负责在线咨询与指导。通过这种方式在现有的规模基础上扩大规模养殖。羊舍通过建立智能化管理中心，对肉羊养殖的全过程进行智能化管理以及远程疾病诊治，有效利用高校技术资源解决生产实际问题；通过建立信息平台进行有机肉羊及相关有机农、牧副产品的销售，对优化洞庭湖区肉羊养殖品种结构，提高羊肉品质和产量，提振养殖信心，增加养殖效益和可持续发展能力，促进农民增收创收，以及从根本上提高科学养殖管理水平具有重要的示范与现实意义。该生态康养生产模式与营销规划面向湖南，辐射全国，具有较强的可借鉴性和推广性。

## 二、目标市场

近年来，随着人们消费水平的提高和对“土、特、优”等无公害、高品质绿色生态农、牧副产品需求的增加，绿色生态有机肉羊产品市场需求量较大。在传统的鱼、禽养殖生产中，饲料成本占养殖成本的30%～60%。饲料多数为含有各种添加剂的配合饲料，虽然鱼、禽食用后生长增重快，但肉品质量和风味较差，售价较低。利用蚯蚓饲喂畜禽后经济效益远远高于传统饲养模式，增收效益十分显著。生产的有机产品主要包括鸡蛋、鱼、羊肉、蚯蚓等在内的农副产品，通过与特色餐饮店、中小型超市、农贸市场等达成长期合作关系，可实现共享共赢。通过拍摄生态肉羊养殖管理视频向潜在消费者展示杜泊羊与湖羊的真实生长及健康养殖状况，还可在一些绿色产品网站和美食微博上进行品牌推广。

## 三、产品与市场优势

### （一）产品优势

随着人们生活水平的提高，有机、绿色、健康的产品逐渐受到市场的欢迎，采用生态健康养殖模式生产的有机产品具有下列优势。

**1. 有机羊产品优质健康**　肉羊的养殖和喂养采用生态环保健康养殖方式，用羊粪制作生物有机肥作为肉羊饲用甜高粱和玉米的肥料，限制或杜绝使用部分化学药品和饲料添加剂，从源头保证羊产品有机安全。

**2. 产品供应安全可持续**　通过建立规模化羊舍与智能化管理中心，对肉羊养殖实施全程实时动态监控，对出现不良反应或突发疾病的羊可及时进行处理，保证羊产品的安全性。

**3. 羊肉品质、口感、风味俱佳**　杜泊羊与湖羊是国内生产的优质绵羊品种，且绵羊肉相对于山羊肉肉质更加柔软，肉纤维与口感更加细腻，膻味小，容易被广大消费者所接受。

### （二）市场优势

**1. 有机产品认可度高，市场需求量大**　近年来受疯牛病和禽流感影响，猪、牛、鸡市场受到较大冲击，羊肉类产品的产量和销量有较大幅度的增长。自 2012 年，羊肉价格不断上涨，同时羊肉消费目前已打破了地域性、季节性限制，从区域性消费变成全国性消费，从冬季消费变成了四季消费，因此羊产品的市场认可度高，市场前景十分广阔。

**2. 采用互联网营销，拥有巨大市场**　规划建立信息平台进行有机肉羊及相关农、牧副产品线上线下销售，扩大销售渠道和消费人群，提高产品的竞争力与影响力。

## 四、营销手段

**1. 通过打造绿色产业链，建立与完善“草—羊—蚓—鱼—禽”新型生态循环种养模式**　通过与乡镇府、农村合作社进行洽谈，由合作社与当地养殖户协商推广实施，集中无害化处理羊粪尿资源，利用蚓粪进行层叠式新型羊粪堆肥腐熟生产有机肥，利用羊粪、蚓粪替代常规食用菌栽培基料进行食用菌规模化生产。通过与相关企业建立合作关系，将有机农副产品直接销售给相关企业，实现产销一条龙服务，让肉羊养殖所生产的有机产品获得顾客的认可，成为一项绿色产业。

**2. 打造区域特色生态肉羊品牌**　通过对传统养殖方法和智能生态健康养殖技术进行融合，改良和提高当地肉羊的品质。以“1+1+3”作为绿色生态产品品牌打造的口号，即一心一意做好优质生态绵羊肉产品；一心一意为顾客服务；树立品质好、服务好、味道好的三好口碑，努力打造区域特色生态肉羊品牌。

**3. 建立智能化管理中心，实现对肉羊养殖生产的全程监控与管理，扩大品牌效应**　通过搭建网络平台实现养殖过程的公开化。通过网络平台记录肉羊养殖的日常生产，侧面凸显其真实养殖生长环境，吸引潜在消费者的同时引导顾客购买有机羊产品及其他相关农副产品；通过在网站投放动态杜泊羊与湖羊优质生态产品的广告页，展示洞庭湖区肉羊生态康养推文及视频，进一步扩大有机羊产品及其他相关农副产品的品牌效应，扩大销售。

**4. 采用加盟模式**　提供先进的智能生态健康养殖技术和羊粪无污染处理等相关技术，吸引投资商和杜泊羊与湖羊养殖户加盟。

**5. 拓宽相关购买渠道**　①淘宝、京东等大型购物平台；②关注已建立的生态旅游公众号；③当地生态产品代理商（线下购买或送货上门）；④热线客户等方式。

# 第七章 杜泊羊与湖羊洞庭湖区养殖常见疾病防治

随着环洞庭湖区肉羊养殖业的不断发展，杜泊羊与湖羊的引入数量以及羊群数量不断增加，牧场和羊舍拥挤，常有寄生虫虫卵污染，往往导致羊只同时感染多种寄生虫，感染强度往往较大。杜泊羊与湖羊消化道线虫、前后盘吸虫等寄生虫病，传染性胸膜肺炎、乳腺炎等常见病的感染及扩散以及杜泊羊与湖羊在应激期引发的相关疾病（杜泊羊与湖羊在应激期相关疾病及应对措施详见本书第四章第四节）严重制约了肉羊养殖业的健康发展，已成为当前洞庭湖区杜泊羊与湖羊寄生虫及常发疾病防控工作的重点。本章就上述常见疾病的发生和流行特点，季节动态变化规律，诊断、治疗以及防控措施进行介绍。

## 第一节　洞庭湖区肉羊消化道寄生线虫流行病学调查及综合防控措施

肉羊寄生线虫种类约 60 余种。线虫体型一般呈圆柱形，前后端钝圆，具有假体腔，其大小因不同种类而异（熊德红等，2015）。肉羊消化道寄生虫病属于长期慢性消耗性疾病，羊只感染后往往呈现营养不良、贫血等症状，严重时能够引起羊群大量死亡，造成严重的经济损失。我国洞庭湖区气候湿热，水草丰茂，天然草场众多，肉羊散养户多采用放牧养殖，极易引发各类寄生虫病。感染线虫的肉羊排泄粪便污染放牧草场、土壤及水源，常造成羊群反复感染。了解线虫的传播方式、感染途径及防治措施对杜泊羊和湖羊线虫病的防控具有重要意义。

为了实时监测和了解洞庭湖区放牧与舍饲肉羊消化道寄生虫的种类、感染程度及羊群健康状况。近年来，课题组对感染严重地区典型患病肉羊和病死肉羊进行剖检，采用比较分析方法，对虫种进行鉴定，先后对西洞庭湖周边安乡县雄韬牧业有限公司羊场、常德市深耕农牧有限公司、寿西港白莲村羊场、太阳山白露寺林场羊场、常德渔蕉村羊场、汉安乡大鲸港羊场、武陵区单州乡羊场等十几个中、大型羊场肉羊消化道线虫病流行病学进行调查。结果表明：被调查的羊场约 95%以上的放牧肉羊和 40%以上的舍饲肉羊都不同程度地受到寄生虫病的侵扰，尤以消化道寄生线虫流行病最为严重。寄生线虫种类主要包括捻转血矛线虫、毛圆线虫、仰口线虫、夏伯特线虫、马歇尔线虫、细颈线虫、指形长刺线虫、食道口线虫和毛首线虫 9 种。放牧肉羊寄生虫混合感染现象较为普遍，会不同程度地引起机体水肿、腹泻和消瘦等症状。根据虫种和感染情况选择合适的驱虫药物，采用多种药物配合使用以及制定科学可行的驱虫方案可明显提高治疗效果，有效控制放牧与舍饲肉羊消化道线虫感染。本节根据笔者多年来实际诊断及防控经验，对洞庭湖区放牧与舍饲肉羊消化道线虫病的流行特点、季节动态变化规律、临床诊断、综合防控等技术进行介绍，为我国洞庭湖区广大养殖户实施杜泊羊和湖羊生态健康养殖提供技术支持和用药依据（成钢等，2017）。

## 一、消化道寄生线虫对肉羊的危害

洞庭湖区独特的地理和自然环境，为寄生线虫提供了适宜的生活环境。研究表明，胃肠道线虫发育一般经历 5 个阶段，雄雌虫在宿主体内交配、受精、产卵，虫卵随粪便排出体外，在适宜温度下，经 24～48 h 即可在卵内发育成第 1 期幼虫，然后蜕皮形成第 2 期幼虫；幼虫以粪中的细菌和微生物为食，经第 2 次蜕皮后，发育成第 3 期幼虫；第 3 期幼虫体表覆盖有体鞘，停止进食靠体内贮存的能量存活并具有感染性，当羊只采食含第 3 期幼虫的牧草后而感染，在胃中或肠道中脱鞘发育成第4 期幼虫，然后在相应的寄生胃肠段发育为成虫（张其艳，2010）。幼虫在肠黏膜中穿行可造成宿主机械损伤和消化机能紊乱，严重时转变为肠炎和腹膜炎；成虫分泌毒素造成消化道炎症反应。宿主的临床症状通常由第 4 期幼虫和成虫引起，感染强度通常与线虫种类、数量及肉羊的品种、年龄、营养和免疫状况等有关（李梦婕等，2012）。羊只感染各种消化道线虫病的症状大致相似，即消化道线虫通过口囊吸食宿主血液来摄取营养，引发病羊贫血和消瘦；其他临床症状和病理变化依据虫种和感染率而有所不同。部分消化道寄生线虫以羊体内的消化或半消化食物为食，引起患羊抵抗力下降、营养不良、生长发育受阻、增重减慢，有时还会引起继发感染，造成不同程度的经济损失。近年来，随着洞庭湖区肉羊养殖规模的扩大，各地均有不同程度消化道寄生线虫病的发生和流行，是造成肉羊死亡的主要原因之一。肉羊消化道寄生线虫的感染及扩散，严重制约了洞庭湖区肉羊养殖业的健康发展，已成为当前湖区肉羊寄生虫病防控工作中亟须解决的首要和突出问题（成钢等，2017）。

## 二、洞庭湖区肉羊消化道寄生线虫病流行特点及感染情况

### （一）流行特点

羊的消化道线虫病是由线形动物门各种寄生类线虫寄生在羊的消化道引起的一类疾病，是一种长期慢性消耗性疾病。在一般情况下，洞庭湖区放牧肉羊常常混合感染各类消化道线虫病，多数为 2～3 种，在特定情况或特定季节常常呈现暴发性流行。不同年龄阶段的放牧或舍饲肉羊消化道寄生虫感染率不同，放牧不久的幼羊极易感染且发病率高，症状较重，可能与幼羊免疫功能不健全、抗病能力较低有关；成年羊感染症状较轻，一旦发病，往往整个羊群都已感染。洞庭湖区夏、秋季节高温高湿，是线虫感染、扩散及暴

发的高发季节，应及时做好驱虫防疫工作。

### （二）线虫种类及感染情况

消化道寄生线虫是对洞庭湖区肉羊危害最严重的一类寄生虫，是造成湖区肉羊大量死亡的主要原因之一。通过走访实际调查和剖检病死肉羊发现，目前在洞庭湖区放牧与舍饲肉羊中流行的消化道线虫种类主要包括捻转血矛线虫、毛圆线虫、仰口线虫、夏伯特线虫、马歇尔线虫、细颈线虫和毛首线虫等。其中，捻转血矛线虫对放牧肉羊危害最为严重，羊只感染率、发病率和死亡率均较高。洞庭湖区肉羊消化道寄生虫的种类及其感染情况详见表 7－1。

## 三、消化道寄生线虫病临床症状及诊断

### （一）临床症状

根据调查，洞庭湖区肉羊消化道线虫流行病夏、秋为发病高峰，患羊感染初期无明显症状，随着感染期的延长，主要表现消瘦，贫血，可视黏膜苍白，尾根瓷白色，下颌或胸部水肿，肠胃炎，腹泻，肛门被毛沾染粪便，身体逐渐衰弱，放牧时常常掉队等，流行期和病程往往较长。肉羊感染线虫数量较多或发病较急时，往往衰竭死亡。

### （二）病理变化

根据对湖区濒死病羊剖检，发现病羊血液稀薄如水，下颌和腹腔一般有水肿，内有淡黄色渗出液；各脏器脂肪组织变性溶解，多呈透明状（图 7－1），肠黏膜有出血或卡他性炎症，消化道各部有数量不等的线虫或其他吸虫、绦虫寄生（图 7－2）；肝、肾、脾等颜色变淡发白。如继发其他类型疾病，其他脏器和组织可见不同的病理变化。

**表 7-1　洞庭湖区肉羊常见消化道寄生线虫种类及症状**

| 名称 | 学名 | 属 | 寄生部位 | 体长（mm） | 感染途径 | 易感羊群 | 临床症状 | 感染率（%） |
|---|---|---|---|---|---|---|---|---|
| 捻转血矛线虫 | *Haemonchus contortus* | 血矛属 | 第四胃 | 15～30 | 吃露水草或在小雨后放牧 | 断乳后各龄山羊 | 便秘和腹泻交替发生，下颌和腹部水肿 | 60 |
| 毛圆线虫 | *T. probolurus* | 毛圆属毛圆科 | 第四胃和小肠 | 4～6 | 吃露水草或在小雨后放牧 | 幼羊 | 便秘和腹泻交替发生，下颌和腹部水肿 | 15 |
| 仰口线虫 | *Bunostomum trigonoce phalum* | 仰口属 | 小肠 | 12～25 | 采食或者皮肤进入宿主体内 | 各龄山羊 | 颌下水肿，长期腹泻 | 15 |
| 夏伯特线虫 | *Chabertia ovina* | 夏伯特属 | 大肠 | 15～22 | 采食 | 幼羊 | 下颌和头部水肿，腹泻 | 5 |
| 细颈线虫 | *N. ematodirus filicollis* | 细颈属 | 小肠、真胃 | 10～20 | 采食或饮水 | 幼羊 | 贫血、腹泻、消瘦 | 15 |
| 马歇尔线虫 | *Marshallagia mongolica* | 马歇尔属 | 第四胃 | 10～20 | 采食 | 各龄山羊 | 贫血、消瘦、下颌和腹部水肿 | 5 |
| 毛首线虫 | *Trichoceohalus ovina* | 毛首属 | 大肠或盲肠 | 40～75 | 采食 | 幼羊 | 无明显症状或腹泻 | 10 |
| 指形长刺线虫 | *Mecistocirrus digitatus* | 毛圆科 | 第四胃和小肠 | 15～30 | 吃露水草或在小雨后放牧 | 断乳后各龄山羊 | 贫血、消瘦、下颌和腹部水肿 | 25 |
| 食道口线虫 | *Oesophagostomum asperum* | 食道口属 | 大肠 | 12～20 | 吃露水草或在小雨后放牧 | 断乳后各龄山羊 | 腹泻，粪便带血，后肢瘫痪，肠壁结节 | 10 |

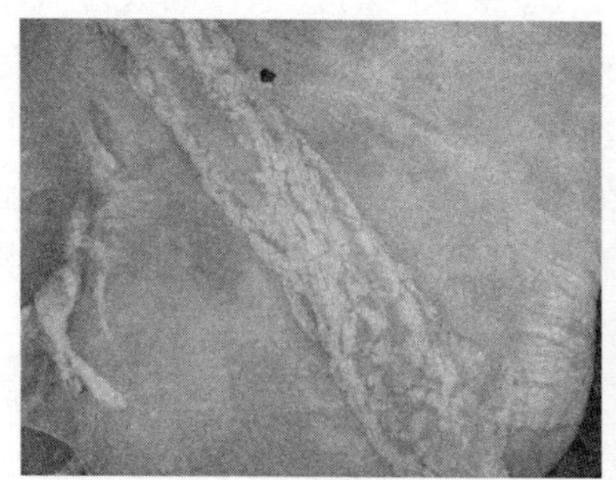

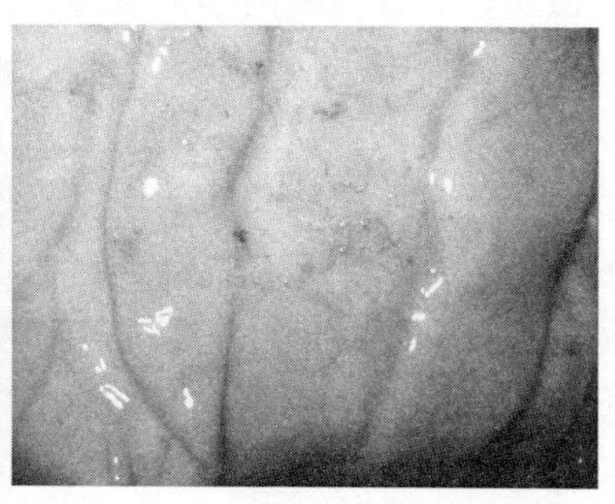

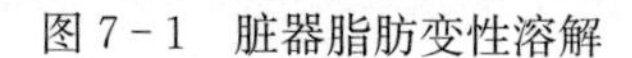

图 7-1　脏器脂肪变性溶解

图 7-2　皱胃中的血矛线虫

### （三）临床诊断

对洞庭湖区肉羊消化道寄生线虫病的诊断，需了解近几年当地肉羊寄生虫流行的规律特点，根据流行病学调查、粪检、临床症状、病理变化等作出初步诊断。通过感染性幼虫培养，显微镜下观察，结合实验室分子生物学鉴定及免疫学诊断可确诊。粪检多采用饱和盐水漂浮法，根据线虫形态大小、发育情况、寄生部位做出进一步判断。感染性幼虫的培养，可采取新鲜粪便，在适宜条件下，培养虫卵发育成第 3 期幼虫，制作玻片进行显微观察，进而做出诊断，鉴别依据主要为幼虫形态、大小、幼虫鞘膜、口囊形态等。剖检是消化道线虫病确诊方法之一，通过剖检收集消化道内的虫体，制片后进行鉴定。

## 四、消化道线虫流行病防治措施

消化道线虫病的防治是一项综合性措施，主要应通过改善放牧环境卫生、加强饲养管理、制订驱虫计划和科学合理用药，以及对患病羊群及时治疗等多方面措施，才能取得较好的防治效果。

### （一）加强饲养管理

放牧过程中羊只与外界环境接触较多，易引发各类消化道寄生线虫病；对舍饲的肉羊饲喂有寄生虫感染风险的牧草，也极易引发各类消化道寄生线虫病。因此，应尽量在干燥晴朗的天气放牧，有露水或下雨的清晨不出牧，放牧地点应选择地势高燥的堤坝和山坡，避免在低洼和积水的地点放牧；应避免饲喂有寄生虫感染风险的牧草。对羊群喂饮井水或者自来水，避免饮用被虫卵污染的水源。加强饲养管理，饲喂羊用矿物盐舔砖，以提高肉羊抗病能力。不定期地进行羊场寄生虫病粪检工作，如发现可疑病羊应及时隔离。羊粪尿应高温堆肥发酵或无害化处理，以杀死虫卵，具体堆肥方法参见本书第五章第六节。

### （二）定期驱虫

肉羊消化道线虫病的防治以药物驱虫为主。一般情况下，可在春、秋两季各驱虫 1 次，感染和发病严重地区可每隔 2 月驱虫 1 次。驱虫过程中，应注意以下几点：驱虫应先进行小群试验，无不良反应后方可大群驱虫；妊娠母羊驱虫可安排在产前 1 个月或产后 1 个月进行，不仅可以驱除母羊体内外寄生虫，而且有利于哺乳，减少寄生虫对幼羊的感染，剂量应按正常剂量的 2/3 给药；驱虫后，应密切观察羊只是否产生毒性反应，出现毒性反应时，要及时采取有效措施消除毒性反应；驱虫药物应及时更换，防止消化道内的线虫产生抗药性。

### （三）合理用药，及时治疗

一旦羊群出现可疑线虫病发病和流行的趋势，应及时进行确诊和用药治疗。表 7－2 为治疗消化道线虫病的药物和使用方法。使用时应严格按照药品剂量使用，不可随意加大给药量，尤其对幼羊和怀孕母羊，采用放牧或舍饲养殖的杜泊羊与湖羊可参照表 7－2 进行消化道线虫病的防控。

在生产过程中通过使用上述表 7－2 中的药物和剂量后，羊群一般无明显的毒副作用，驱虫效果较为明显。如将表 7－2 中的两种以上驱虫药物联合使用，防治效果更佳。根据大量临床实践表明，将伊维菌素和左旋咪唑类药物或阿苯达唑配合使用可提高对消化道线虫的治疗的效果。因此，在进行驱虫防治时，应考虑最佳驱虫时间和最有效药物的选择。通过对羊群进行科学管理饲养，改善放牧环境，以及根据当地地理环境和养殖情况制定相应的驱虫方案，能够有效控制线虫感染。文中结果和数据资料可为洞庭湖区广大杜泊羊与湖羊养殖户因地制宜、科学合理有效利用当地自然资源，开展肉羊生态健康养殖提供科学依据。

**表 7-2　洞庭湖区肉羊常用消化道寄生线虫驱虫药物**

| 药物名称 | 使用剂量(mg/kg) | 使用方法 | 驱虫效果 | 毒副反应及注意 |
| --- | --- | --- | --- | --- |
| 阿苯达唑（丙硫苯咪唑） | 10～20 | 10%溶液灌服 | +++ | 毒副反应较小，超剂量使用易引起妊娠母羊流产、产死胎、产弱胎和畸胎，屠宰前15 d停止使用 |
| 敌百虫 | 60～100 | 配成10%～20%的水溶液，口服 | ++ | 易发生中毒，引起胸闷气短 |
| 伊维菌素 | 200～300 | 针剂皮下注射，拌料或灌服 | +++ | 肌内注射可产生局部反应，泌乳羊禁用，屠宰前28 d停止使用，过量使用会造成羊中毒反应，如血尿 |
| 氯氰碘柳胺钠 | 5～10 | 皮下或肌内注射 | ++ | 过量使用会造成羊中毒反应或死亡 |
| 阿维菌素 | 0.2 | 皮下注射 | ++ | 肌内、静脉过量注射易引起中毒反应，泌乳羊禁用，屠宰前28 d禁用 |
| 磷酸左旋咪唑 | 10 | 皮下注射、肌内注射、灌服、混饲等 | +++ | 安全范围较大，口服剂量应减半，屠宰前3 d禁用 |
| 多拉菌素 | 0.2 | 皮下注射或肌内注射 | +++ | 安全、广谱、高效 |
| 噻苯达唑 | 50～100 | 2%的悬液，灌服 | ++ | 偶见腹泻和瘙痒 |

注：“++”表示驱虫效果较好；“+++”表示药力强，驱虫效果好。

## 第二节　前后盘吸虫病流行病学调查及防控研究

洞庭湖区气候湿热，天然草场众多，饲草丰茂，营养丰富，非常适宜杜泊羊、湖羊及其他品种肉羊放牧或舍饲养殖。目前洞庭湖区肉羊散养户较多，多雨潮湿的自然环境容易引发各类寄生虫病。前后盘吸虫病是洞庭湖区肉羊常见的寄生虫病，也称胃吸虫病、瘤胃吸虫病，是由前后盘科的多种吸虫寄生于肉羊瘤胃或胆管壁上，引起羊只消瘦、贫血、排稀便等症状的一种寄生虫病（刘勇等，2013）。该病遍及全国各地，南方湖区尤为多见（王瑞等，2011；朱丹等，2012）。洞庭湖区多雨、潮湿的自然环境适宜前后盘吸虫的繁殖、生长。为了对洞庭湖区肉羊前后盘吸虫病进行流行病学调查，课题组在对常德西洞庭湖周边安乡县雄韬牧业有限公司、常德市深耕农牧有限公司等十几个中、大型羊场前后盘吸虫病进行流行病学调查的基础上，根据多年现场诊疗及防控经验，对南方湖区肉羊前后盘吸虫病的流行特点、季节动态变化规律、临床诊断、综合防控等技术进行介绍，对消化道前后盘吸虫不同季节虫卵感染情况进行实验室检查，实时监测和了解洞庭湖区肉羊消化道寄生虫的种类、感染程度及羊群健康状况，为我国湖区杜泊羊与湖羊舍饲生态健康养殖提供防控经验和用药依据（成钢等，2014）。

### 一、前后盘吸虫病对肉羊养殖的危害

前后盘吸虫病是由前后盘科的各属吸虫寄生于肉羊消化道所引起的一种寄生虫病。成虫主要寄生在羊、牛等反刍动物的瘤胃和网胃壁上，一般危害程度不大，容易被误诊和忽视，当大量寄生或与其他种类寄生虫同时寄生时危害较为严重。虽然患病羊病死率不高，但多数羊场常养殖包括山羊与绵羊等不同品种的肉羊和放牧肉羊感染率往往可达 90%甚至更高，舍饲杜泊羊和湖羊感染率达

30%左右，常常造成羊只消瘦、体弱、发育不良，增重和育肥效果降低，饲养成本增加。前后盘吸虫幼虫因在发育过程中移行于皱胃、小肠、胆管和胆囊，可造成较严重的脏器移行性病变，甚至导致羊只死亡。前后盘吸虫的感染及扩散严重制约了肉羊养殖业的健康发展，已成为当前洞庭湖区肉羊寄生虫防控工作中的重点。

## 二、湖区肉羊前后盘吸虫病流行特点

### （一）前后盘吸虫生活史

前后盘吸虫的发育史与肝片吸虫相似，扁卷螺等淡水螺类为其中间宿主。前后盘吸虫成虫在终末宿主的瘤胃内产卵，卵进入肠道随粪便排出体外。在外界适宜的温度（26～30 ℃）下，虫卵发育成为毛蚴，毛蚴孵出后进入水中，遇到中间宿主淡水螺并钻入其体内，依次发育成为胞蚴、雷蚴、尾蚴。尾蚴具有前后吸盘和一对眼点。尾蚴离开螺体后附着在水草上形成囊蚴，羊吞食含有囊蚴的水草而被感染。囊蚴到达肠道后，幼虫破囊游出，在小肠、胆管、胆囊和真胃内寄生并移行，经过数十天最终附着在瘤胃不同部位发育为成虫。

### （二）前后盘吸虫种属分类

前后盘吸虫种属较多，虫体的大小、色泽及形态构造因其种属不同而有所区别。其共同特征为虫体呈柱状、长椭圆形、梨形或圆锥形；有两个吸盘，其中腹吸盘位于虫体后端，并大于口吸盘。因口吸盘、腹吸盘位于虫体两端，好似 2 个口，所以前后盘吸虫又称为双口吸虫。寄生于羊等反刍动物上较常见的是棘口目前后盘科前后盘属的鹿前后盘吸虫、殖盘吸虫、长菲策吸虫等。成虫常寄生于羊瘤胃与网胃交接处，虫体呈粉红色，雌雄同体，前后盘属和殖盘属是目前洞庭湖区常见的感染属，常见各属吸虫颜色、形状、虫体大小等情况详见表 7-3。

表 7-3 各属前后盘吸虫形态特征

| 前后盘科各属吸虫 | 虫体颜色 | 虫体形状 | 虫体大小（mm） | 虫卵大小（μm） |
| --- | --- | --- | --- | --- |
| 前后盘属 | 粉红色 | 梨形 | 长 5～13，宽 2～5 | 长 114～176，宽 73～1 006 |
| 殖盘属 | 白色 | 圆锥形 | 长 9.6～11.6，宽 3.23～3.6 | 长 138～142，宽 68～746 |
| 腹袋属 | 深红色 | 圆柱形 | 长 11.5～12.5，宽 5.1～5.4 | 长 116～1 256，宽 60～706 |
| 菲策属 | 深红色 | 圆筒形 | 长 9.6～23.2，宽 2.8～4.8 | 长 118～1 326，宽 66～726 |
| 卡妙属 | 深红色 | 圆筒形 | 长 15.4～16.9，宽 5.8～6.2 | 长 124～1 286，宽 64～68 |

## （三）流行特点

羊前后盘吸虫病在我国广泛流行，南方较北方更为多见，尤其以江、河、湖等有淡水螺分布的区域发病较多，常造成区域性暴发流行。笔者通过对环洞庭湖区周边十几个中、大型羊场羊前后盘吸虫病流行病学调查结果发现，羊前后盘吸虫病的流行与暴发原因主要取决于当地气温、中间宿主的繁殖及发育季节、放牧与舍饲养殖模式等。一般温湿的夏季及采用放牧管理的羊只发病较急。南方洞庭湖区羊只可常年感染，多雨年份易造成前后盘吸虫病的流行。一年中前后盘吸虫病的流行与洞庭湖涨落潮相关，每年 11 月至翌年 4 月为洞庭湖的枯水季节；4—6 月份湘江、资江、沅江、澧水“四水”流域降雨多，常在 5—7 月发生洪水，使洞庭湖水位持续上升，7—8 月水位涨至最高，湖区肉羊前后盘吸虫的感染时期主要集中在高水位的 7—9 月，发病时期集中在 10 月至次年 2 月。据统计，洞庭湖区采用放牧方式饲养的肉羊感染率可达 90%～100%，发病率为30%～40%，病死率为5%～7%。发病肉羊年龄主要集中在2～4岁，羔羊一般不发病（成钢等，2014）。在洞庭湖区采用放牧方式养殖的杜泊羊和湖羊感染率在70%以上，采用舍饲方式养殖的杜泊羊和湖羊感染率在30%左右。

## 三、肉羊前后盘吸虫病临床症状和诊断

### （一）临床症状

前后盘吸虫病呈现为慢性消耗性症状，多在春秋季发病，病羊多为成年羊，当成虫感染程度较大时有临床症状，主要表现为逐渐消瘦，精神沉郁，食欲减退，顽固性排稀便，粪便呈水样，恶臭且混有血液；瘤胃蠕动缓慢，运动迟缓，反刍减少，不饮水，步态不稳；眼结膜和口腔黏膜苍白，尾根部呈瓷白色；少数病羊出现下颌水肿；病羊体温一般不升高，在发病后期少数病羊体温可升至40℃；发病后期极度瘦弱，常卧地不起，衰竭死亡。

### （二）病理变化

病死羊消瘦，会阴及尾根污秽。解剖病死羊，可见血液稀薄，心脏、肝、脾、肺、肾等内脏器官无肉眼可见的明显病变。病羊瘤胃黏膜和小肠前、中段附着有大量白色圆锥形、粉红色大米粒样或圆筒形似葡萄籽状虫体，长4～8 mm，宽2～3 mm，虫体对胃壁黏膜吸附力较强。胃肠黏膜水肿、充血、出血或形成溃疡。肝呈土黄色。胆管发炎。胆囊膨大，充满黄褐色、稀薄胆汁。肌肉色淡；心包腔积液，血液稀薄。虫体形成的色斑在瘤胃内呈条状、带状、片状分布，不同类型的前后盘吸虫往往同时寄生于瘤胃中，发病较严重的病羊有时与肝片吸虫、姜片吸虫及血矛线虫等其他种类寄生虫混合感染。寄生于瘤胃内的前后盘吸虫形态与分布见图7-3和图7-4。

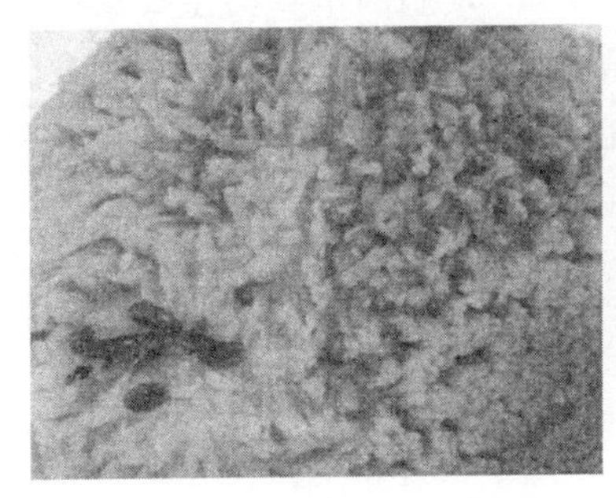

图 7-3　寄生于瘤胃中的多种前后盘吸虫

图 7-4　瘤胃内呈条带状分布的前后盘吸虫

### (三) 临床诊断

根据流行病学调查、剖检等可作出初步诊断，结合实验室诊断可确诊。采集病死羊直肠内容物及羊群的新鲜粪便，置玻璃杯中加少量水后搅碎混匀，依次经 100 目*、200 目及 250 目纱网过滤，用水洗沉淀法涂片查找虫卵。镜下虫卵呈椭圆形、灰白色，有卵盖，内含圆形胚细胞，卵黄细胞未充满整个虫卵，虫卵一端紧凑，另一端有较窄间隙。镜检时应注意与肝片吸虫卵相区别。也可采集瘤胃内容物镜下观察，如发现瘤胃内的虫体长 6～12 mm、宽 2～5 mm，呈粉红色梨形，有口、腹吸盘各 1 个，前端为口吸盘，后端为腹吸盘，且腹吸盘显著大于口吸盘即可确诊。

## 四、洞庭湖区肉羊前后盘吸虫病的防治

### (一) 治疗

对于洞庭湖区肉羊前后盘吸虫病应早发现、早治疗，对病羊可

* 筛网有多种形式、多种材料和多种形状的网眼。网目是正方形网眼筛网规格的度量，一般是每 2.54 cm 中有多少个网眼，名称有目（英）、号（美）等，且各国标准也不一，为我国非法定计量单位。孔径大小与网材有关，不同材料筛网，相同目数网眼孔径大小有差别。

选用氯硝柳胺（灭绦灵），按每千克体重 60～70 mg 给药，吡喹酮按每千克体重 20～30 mg 给药，可达到较理想的驱虫效果。由于前后盘吸虫病的主要临床症状与肝片吸虫病非常相似，常误用治疗肝片吸虫病的药物如硝氯酚、阿苯达唑等来治疗，往往没有驱杀效果，延误治疗时机。其他常用驱虫药还有硫氯酚、硝氯酚伊维菌素片等。对于已经患病的羊群进行相应的药物治疗，对呈现高度消耗性恶病质状态的病羊，需加喂高蛋白质饲料。病羊脱水严重时，应及时使用速补-14 和复合维生素 B 混合饮水来补充电解质。对贫血严重的病羊可补给牲血素，成羊 5 mL/只，幼羊 3～4 mL/只。洞庭湖区肉羊前后盘吸虫驱虫药物及治疗方法参见表 7-4。

**表 7-4 湖区肉羊前后盘吸虫驱虫药物及治疗方法**

| 药物名称 | 剂量（mg/kg） | 方法 | 驱虫效果 | 不良反应 |
| --- | --- | --- | --- | --- |
| 氯硝柳胺 | 50～60 | 一次口服 | ＋＋＋＋ | 头晕、胸闷、乏力、胃肠不适、发热、瘙痒等 |
| 硫氯酚 | 40～60 | 一次口服 | ＋＋＋ | 有轻度头晕、头痛、呕吐、腹痛、腹泻和荨麻等 |
| 硝氯酚伊维菌素片 | 3 | 一次口服 | ＋＋＋＋ | 用药后动物可出现发热、呼吸急促和出汗等症状 |
| 溴羟苯酰苯 | 60 | 口服 | ＋＋ | 未发现 |

注：“＋＋”表示驱虫效果一般；“＋＋＋”表示驱虫速度较快，驱虫效果较好；“＋＋＋＋”表示药力强，驱虫效果好。

## （二）预防

羊前后盘吸虫病常见于潮湿低洼地区，扁卷螺是其中间宿主，灭螺是预防控制该病的重要措施。应根据当地该病的具体流行情况及流行条件，每年春季 3 月份和秋季 9—10 月对全羊群进行 2 次驱虫工作。流行较为严重的地区可在每年春季、夏季和初冬，即 4 月、6 月、9 月进行 3 次驱虫。羊舍内的粪便应及时堆积发酵，圈舍要定期消毒，保持水源清洁卫生。发病季节和流行地区应避免在低洼洲滩放牧和饲喂上述地区刈割的牧草，以避免感染囊蚴。环洞庭湖流行地区可采取养鸭灭螺和药物灭螺相结合的方式消灭中间宿主，有效预防本病的发生。

羊前后盘吸虫病是威胁洞庭湖区养羊业发展的重要寄生虫病，由于该病对肉羊的感染是多次、重复的，不仅可造成羊只生长发育缓慢，而且能引起羊抵抗力下降而诱发其他疾病，严重时还会造成羊只死亡。前后盘吸虫对羊的危害主要是通过消耗体内营养物质、造成机械损伤，从而导致羊只生长缓慢、生产性能及羊肉品质降低。根据前后盘吸虫病的发生和流行特点，以及季节动态变化规律，掌握科学合理的放牧与舍饲饲养管理方法，对羊粪尿进行无害化处理，控制草地污染，消灭寄生虫及中间宿主，切断感染途径，预防羊只感染，对湖区肉羊高效生产和寄生虫病有效防控、增加养羊经济效益和生态效益、实现畜牧业健康持续发展以及促进和推动社会主义新农村建设具有重要意义。对洞庭湖区肉羊前后盘吸虫进行流行病学调查，解剖感染严重地区典型患病羊和病死羊，对肉羊的消化道前后盘吸虫不同季节虫卵感染情况进行实验室检查，可实时监测和了解洞庭湖区肉羊消化道寄生虫的种类、感染程度及羊群的健康状况，为洞庭湖区广大肉羊养殖户科学、合理、有效地利用当地自然资源，开展杜泊羊与湖羊生态健康养殖提供科学依据。

## 第三节　湖羊乳腺炎

母羊乳腺炎主要是指乳腺、乳池和乳头的局部炎症，是肉羊养殖过程中较为常见的一种疾病，其临床特征是乳房发热、红肿、疼痛、发硬、产乳量降低，多见于产后泌乳期的母羊，经产母羊的发病率较初次生产的母羊发病率高。葡萄球菌、链球菌、沙门氏菌、大肠杆菌是造成本病的主要病原微生物，主要通过母羊的乳头管和乳房外伤组织侵入到乳房中引发乳腺发炎（李强等，2016）。湖羊作为一种多胎绵羊品种，因其产羔数多、泌乳量大，乳腺炎的发病率比较高。如果治疗不及时会出现乳房组织化脓、坏死，泌乳能力丧失的症状；当羔羊吮食乳汁后，羔羊会出现腹泻、消瘦症状；乳腺炎严重时，母羊会拒绝哺乳，可导致羔羊死亡。

## 一、发病原因

引起乳腺炎的因素较为复杂，遗传因素、病原微生物侵入、饲养管理不当等均可引发本病。研究表明，有乳腺炎病史的母羊相较于没有发生过乳腺炎的母羊，产出的后代母羊更容易患该病。感染病原微生物是引发湖羊母羊乳腺炎最主要的因素，大肠杆菌、链球菌、化脓棒状杆菌以及葡萄球菌是引起发病的主要微生物。饲喂成分单一或者营养搭配不均衡的饲料，会导致机体免疫机能降低，在一定程度上会诱发本病，并使现有症状加重。同时，当母羊患有子宫内膜炎等生殖系统疾病时，也可能导致乳腺炎的发生。

## 二、临床症状

母羊通常在产后易患本病，多见于产后1～20 d内泌乳期的母羊。根据母羊显性与隐性表现、感染微生物种类，可将母羊乳腺炎分为隐性型、亚临床型、临床型3种类型。患隐性型乳腺炎母羊感染期，一般没有任何临床症状，但可从母羊的乳汁中分离到病原菌。患亚临床型乳腺炎母羊较少出现明显的临床症状，常会被饲养人员忽视，主要表现为食欲不振，挤出的乳汁中存在絮状物，对乳房进行触诊可发现乳腺中有较硬结节。患临床型乳腺炎的母羊表现全身症状，食欲减退甚至废绝，精神沉郁，行走后肢外跨跛行，拒绝、躲闪羔羊接近和吮乳，对触摸反应敏感或挣扎，一侧或者两侧乳房疼痛红肿，皮肤紧绷，乳腺淋巴结肿大，体温升高至40～41 ℃，用手触摸乳房可发现不同大小的坚硬结节，泌乳性能下降或停止，所分泌的乳汁稀薄如水，在乳汁中可见絮状沉淀或乳凝块。当乳中混有血液或脓汁时，颜色呈淡红色或黄褐色，严重时引发全身脓毒败血症而死亡。患乳腺炎病死羊只乳腺坏死发黑，剖检肝边缘充血，胆囊肿大，肾皮质部出血。

## 三、临床诊断

诊断羊乳腺炎的方法主要采用乳汁感官检查法，对早期确诊有临床意义。先用 0.1% 新洁尔灭或 70%的医用酒精擦洗病羊乳房、乳头及其周围皮肤，弃去最初的乳汁后，挤取乳汁到干净玻璃瓶内，观察乳汁颜色和浓稠度，仔细检察是否存在血液、血块、凝片和脓汁，如出现上述情况，即可判断为乳腺炎。

## 四、治疗

对于发病初期出现充盈肿大的乳房症状的病羊，可以采用挤乳的方式减小或消除肿胀，每天进行 4～5 次排乳，直到乳房肿胀消退，同时对病羊减少多汁饲草和精饲料的饲喂量，以减少乳汁分泌。挤奶时应注意母羊反应，用力适中。每次挤乳完毕后，向病羊乳导管内注入青霉素 80 万 IU、链霉素 100 万 IU 和 0.5%普鲁卡因 5 mL，也可每天在乳房基部注射相同剂量的青霉素、普鲁卡因溶液进行封闭治疗，同时配合使用磺胺类药物抗菌消炎各 1 次，连续使用 3 d。如果病羊患有化脓性乳腺炎，根据脓肿破溃程度，选择引流排脓或注射器吸脓，使用 0.1%高锰酸钾溶液或者 3%过氧化氢冲洗脓疮后，每天颈部肌内注射头孢噻呋钠 1～2 次，连续使用 3～5 d。对于重症乳腺炎的病羊，可按每千克体重采用青霉素、链霉素 5 万 IU，5%地塞米松 0.3 mg、阿尼利定 0.25 mL，进行肌内注射或加葡萄糖生理盐水静脉注射，每日 1 次，连续用药 3～5 d 可取得较好的疗效。

## 五、预防

规模化羊场最好执行自繁自养制度，必须引进种羊时要避免引入病羊。湖羊母羊产羔前，要将乳房四周的污毛剪去，避免感染；产羔后，让羔羊将母羊乳汁吮吸干净，避免乳汁在乳房中滞留，引发乳腺炎。羔羊断乳时，应减少母羊精饲料和多汁饲料喂量。定期检查乳房，保持乳头清洁。定期修蹄，防止外伤、挂伤和戳伤乳头，伤后应注意局部消毒及包扎。定期巡查，发现病羊后应及时隔离。定期清扫圈舍，消灭吸血昆虫，加强消毒力度，减少病原微生物的滋生和传播。饲草要营养全面，保证能量、蛋白质、维生素、矿物质以及微量元素的供给。

## 第四节　杜泊羊与湖羊传染性胸膜肺炎

羊传染性胸膜肺炎又称羊支原体性肺炎，俗称“烂肺病”，是由多种支原体引起的一种高度接触性传染病，主要通过飞沫和接触传播，经呼吸道传染，发病率与死亡率较高，以高热、咳嗽、气喘、渐进性消瘦、鼻腔流分泌物、肺和胸膜发生浆液性或纤维素性炎症为特征（权凯等，2015；张宏民等，2011）。羊传染性胸膜肺炎常呈急性和慢性经过，呈地方性流行，山羊和绵羊均可感染，发病率一般在60%～80%，病死率为10%～60%。

### 一、发病原因

杜泊羊与湖羊传染性胸膜肺炎的发病原因主要与有无接种疫苗和接种剂量、接种时间和次数等因素有关。疫苗运输过程中无冷藏措施引发的疫苗质量问题，以及羊群免疫过早，免疫剂量不足，免疫次数不够均不能达到预期的免疫效果。

### 二、临床症状

发病初期病羊出现前肢跛行，咳嗽；体温升高到41～42 ℃，呈稽留型或间歇型。被毛脏乱、常沾有粪便，精神委顿沉郁，食欲减退，流涕，呼吸急促并伴有浆液性鼻液，听诊肺部有明显的摩擦音。随着病情发展 3～5 d，早晨和夜间咳嗽加重，腰背拱起，头颈伸直，出现短而湿的咳嗽，严重时出现连续痉挛性咳嗽，腹式呼吸明显，呼吸困难急促。压迫病羊肋间隙时病羊感觉痛苦，呼吸时出现身体和鼻翼颤动的症状。有的病羊鼻流带泡沫的呈铁锈色脓性鼻液，有的病羊眼睑肿胀，眼结膜高度充血、发绀，流泪，眼角有黏液脓性分泌物。部分羊只有转圈现象，妊娠母羊则出现大批量流产和死胎，常用抗生素临床治疗效果不明显。发病末期，走路摇晃，极度消瘦而卧地不起，神志不清，伴有带血的急性下痢，最后衰竭死亡，病程多为 7～14 d。

## 三、剖检情况

病羊被毛脏乱，肛门周围沾有粪便，极度消瘦，鼻流铁锈色脓性鼻液。病理变化主要在胸腔和肺。胸腔与心包积液，有多量淡黄色液体蓄积，有时多达 100～400 mL。胸膜增厚而粗糙，胸膜与心包膜、肺及肋骨发生粘连。肺有瘀血、出血点或出血斑。肺实质硬变，颜色不等，呈红色至灰色，切面呈大理石样。肺门淋巴结水肿，喉头、气管和支气管有出血点。心肌松弛、变软，肝、脾和胆囊肿大。肝呈紫色，边缘发硬，表面有灰白色细小坏死灶。

## 四、治疗

多种药物如支原净、阿奇霉素、罗红霉素、替米考星、氟苯尼考、林可霉素等对该病有效。支原净口服剂量为每千克体重 22.5 mg，注射剂量为每千克体重 10 mg，1～2 次/d。阿奇霉素，按每千克体重 0.2 mg，肌内注射，1 次/d，连用 3 d。还可每日早晚两次轮换交替使用替米考星注射液，按每千克体重 10 mg，皮下注射；长效土霉素注射液 10 mL/次；胸膜喘泰注射液 10 mL，肌内注射；泰乐菌素注射液按每千克体重 0.2 mL；氟苯尼考注射液按每千克体重 0.1 mL，肌内注射治疗。对于高热症状的病羊，注射解热、镇痛及抗炎的药物，可使用复方氨基比林注射液 10 mL，肌内注射对症治疗，2 次/d。对于个别严重病例，除按以上方法治疗外，应补充糖、电解质和水，每天可使用林可霉素配合地塞米松注射液治疗。对羊群进行治疗时，应先使用支原净、泰乐菌素、替米考星、氟苯尼考等抗生素药物进行试探性治疗，确定有效临床药物后，再按照注射标量连用 7 d 以上。

## 五、预防

坚持自繁自养，对羊圈进行定期消毒。当个别羊只出现呼吸道症状时，要及时发现，隔离饲养，及时治疗。发病羊场建议用 2% 的热氢氧化钠溶液对羊舍及用具进行彻底消毒。要及时对病死羊只进行无害化处理，不乱丢、乱放、乱处理病死羊尸体，以免污染羊场环境，造成病原扩散传播。对经检查确定为健康的羊只应及时用正规厂家生产的羊传染性胸膜肺炎疫苗进行紧急免疫接种。建立羊只引进隔离观察制度，对引入后的羊只进行科学的饲养管理，并隔离检疫 1 个月以上。对羊群进行免疫注射时，饲料和饮水中禁止添加兽药，以免影响免疫效果。对羔羊进行免疫时，羔羊日龄一定要达 30 日龄以上，第一次免疫后每年注射 1 次传染性胸膜肺炎氢氧化铝疫苗，可有效预防本病的发生和流行。

# 参 考 文 献

白晶晶，2015. 饲用型甜高粱秸秆青贮与玉米秸秆青贮喂羊对比试验 [J]. 畜牧兽医杂志，34（2）：32-33.

曹斌云，赵敬贤，张若楠，2006. 杜泊肉绵羊优良特性开发利用 [J]. 养殖与饲料（7）：39-41.

陈玲，吕晓阳，王庆增，等，2014. 湖羊生长发育曲线模型预测及趋势分析 [J]. 中国畜牧兽医，41（12）：239-243.

陈书安，黄为一，赵兵，2006. 除臭微生物分离和筛选方法的改进与应用 [J]. 生物技术通报（5）：126-129.

陈岩锋，谢喜平，2008. 我国牛羊舔砖的研究进展 [J]. 养殖与饲料（10）：44-46.

成钢，安玉玲，夏莹，等，2018. 羊粪中添加蚓粪腐熟发酵效果研究 [J]. 黑龙江畜牧兽医（20）：50-52，242-243.

成钢，安玉玲，夏莹，等，2019. 蚓粪对不同畜禽粪便除臭效应 [J]. 西南农业学报，32（3）：566-572.

成钢，郭宝琼，田娟，等，2019. 洞庭湖区羊粪新型生态堆肥模式及应用 [J]. 黑龙江畜牧兽医（4）：11-13.

成钢，韩婷，符紫瑄，等，2017. 环洞庭湖波杂断奶山羊促生长中草药的筛选与组方 [J]. 黑龙江畜牧兽医（8）下：151-152，155.

成钢，韩婷，符紫瑄，等，2017. 环洞庭湖波杂山羊四季放牧管理技术 [J]. 黑龙江畜牧兽医（7）下：71-73.

成钢，李红波，莫华，等，2019. 丘陵坡地油茶林下新型生态种养结合模式研究与实践 [J]. 畜牧与饲料科学，40（8）：83-85.

成钢，龙敏笛，黄景飞，等，2015. 湖区羊—蚯蚓—鱼—禽生态型养殖模式及其效益分析 [J]. 黑龙江畜牧兽医（9）下：72-73.

成钢，龙晓晴，王宗宝，等，2015. 太平三号蚯蚓对家畜粪便利用效果比较研究 [J]. 家畜生态学报，36（5）：77-79.

# 参 考 文 献

成钢，龙晓晴，王宗宝，等，2015. 温度对牛粪养殖蚯蚓生长与繁殖的影响 [J]. 黑龙江畜牧兽医（6）下：137-138.
成钢，王文龙，赵铭，等，2014. 湖区波尔山羊常见寄生虫病临床诊断与综合防控 [J]. 江苏农业科学，42（1）：170-171.
成钢，王文龙，赵铭，等，2014. 湖区山羊粪便的无害化处理与资源化利用 [J]. 黑龙江畜牧兽医（1）下：25-26.
成钢，王宗宝，吴侠，等，2015. 不同畜禽粪便基料配比对太平 3 号蚯蚓养殖的影响 [J]. 黑龙江畜牧兽医（10）下：140-142.
成钢，夏莹，安玉玲，等，2019. 洞庭湖区羊粪资源化利用现状与技术探讨 [J]. 黑龙江畜牧兽医（6）：44-46.
成钢，赵铭，安玉玲，等，2019. 一种便携式山羊灌药保定架的研制与应用 [J]. 黑龙江畜牧兽医（8）：87-88，172.
成钢，朱庆辉，王嘉琪，等，2020. 蚓粪中高效促腐除臭微生物的分离与筛选 [J]. 西南农业学报，33（5）：1068-1074.
成钢，朱珠，熊兀，等，2015. 平菇栽培基料添加畜禽粪便可行性研究 [J]. 中国食用菌，34（1）：40-43.
付晓悦，2018. 甜高粱和玉米青贮饲粮育肥肉羊的养分利用与肉质性能研究 [D]. 兰州：兰州大学.
付晓悦，侯明杰，尚占环，等，2018. 饲用甜高粱青贮对肉羊养分利用的影响 [J]. 草业科学，35（5）：1240-1246.
耿维，胡林，崔建宇，等，2013. 中国区域畜禽粪便能源潜力及总量控制研究 [J]. 农业工程学报，29：171-179.
韩婷，成钢，符紫瑄，等，2016. 湖区波杂山羊的应激反应与处置对策研究 [J]. 黑龙江畜牧兽医，（10）下：97-99.
郝坤杰，2019. 去势对湖羊生产性能的影响 [D]. 兰州：兰州大学.
侯明杰，周恩光，付晓悦，等，2018. 饲用甜高粱青贮对绵羊血常规及血清内毒素浓度的影响 [J]. 中国兽医杂志，54（10）：36-39.
侯文雅，成钢，李淑红，等，2016. 南方湖区波杂山羊前后盘吸虫病诊断及防治研究 [J]. 黑龙江畜牧兽医，（11）下：139-141.
胡辉平，张琪，陈玉林，等，2006. 复合营养舔砖配方、工艺参数及舔食量的研究 [J]. 西北农业学报，15（6）：48-53.
姜桂苗，何剑斌，马振乾，2011. 蚯蚓粪在畜牧生产中的应用 [J]. 饲料与添加剂，（6）：24.

柯英，陈晓群，2012. 牛羊粪高温堆肥腐熟过程研究 [J]. 宁夏农林科技，53 (6)：63-65.

李法忱，王立铭，王金文，等，2003. 人对杜泊绵羊羔羊生长发育规律的研究 [J]. 中国草食动物，23 (5)：13-15.

李海利，2008. 肉牛复合营养舔砖研制及饲喂效果研究 [D]. 杨凌：西北农林科技大学.

李吉进，郝晋珉，等，2004. 畜禽粪便高温堆肥及工厂化生产研究进展 [J]. 中国农业科技导报，6 (3)：50-53.

李建华，于跃武，2007. 去势对巴什拜羊羔羊早期增重效果的影响 [J]. 中国畜牧兽医 (4)：136-137.

李梦婕，朱丹，齐萌，等，2012. 尧山白山羊肠道寄生虫感染情况调查 [J]. 中国畜牧兽医，39 (3)：191-194.

李攀月，韩婷，成钢，等，2017. 洞庭湖区放牧肉羊消化道寄生线虫流行病学调查及综合防控 [J]. 当代畜牧 (6) 下：43-46.

李强，王改玲，赵泽慧，等，2016. 河南某湖羊场乳房炎的病原菌分离鉴定及防治 [J]. 动物医学进展 (4)：127-130.

李书田，刘荣乐，陕红，2009. 我国主要畜禽粪便养分含量及变化分析 [J]. 农业环境科学学报，28 (1)：179-184.

梁新华，李钢，2006. 甜高粱研究现状与产业开发 [J]. 江苏农业科学 (2)：39-40.

廖青，韦广泼，2013. 畜禽粪便资源化利用研究进展 [J]. 南方农业学报，44 (2)：338-343.

林萌萌，王国琪，仙鹏国，等，2018. 中草药饲料添加剂对肉羊生产性能和粪污排放的影响 [J]. 中国草食动物科学，38 (3)：30-32.

刘建国，陈亮，王毅，2017. 中草药添加剂对育肥羊的增重效果研究 [J]. 畜牧兽医杂志，36 (4)：30-33.

刘永斌，刘树军，韩慧娜，2016. 羊自动保定设备的研发及在生产中的应用效果分析 [J]. 畜牧与饲料科学，37 (12)：19-22.

刘勇，王晓红，2013. 山羊前后盘吸虫病的诊断和治疗 [J]. 湖南畜牧兽医 (5)：25-26.

吕亚军，王永军，田秀娥，等，2010. 中草药添加剂对滩羊泌乳性能的影响 [J]. 西北农林科技大学学报 (自然科学版)，38 (3)：77-82.

孟庆翔，杨军香，2016. 全株玉米青贮制作与质量评价 [M]. 北京：中国农业科学技术出版社.
孟庆翔，张晓明，肖训军，等，2002. 牛羊复合营养舔块饲料适宜配方筛选的研究 [J]. 饲料工业，84 (31)：19-21.
莫负涛，李发弟，王维民，等，2017. 西北寒旱地区舍饲湖羊生长发育特征研究．[J]. 草业学报，26 (1)：168-177.
祁敏丽，刁其玉，张乃锋，2015. 羔羊瘤胃发育及其影响因素研究进展 [J]. 中国畜牧杂志，51 (9)：77-81.
钱晓雍，沈根祥，黄丽华，等，2009. 畜禽粪便堆肥腐熟度评价指标体系研究 [J]. 农业环境科学学报，28 (3)：549-554.
邱黛玉，张兆旺，蔺海明，等，2011. 中草药添加剂对种公羊精液品质和耐冻性的影响 [J]. 草地学报，19 (4)：689-693.
曲国立，戴建荣，王宜安，等，2016. 羊在日本血吸虫病传播中的作用 II 温度和湿度对羊粪中虫卵存活的影响及在自然环境中的生存 [J]. 中国血吸虫病防治杂志，28 (5)：490-496.
权凯，魏红芳，赵金艳，等，2015. 杜泊羊传染性胸膜肺炎的诊治 [J]. 黑龙江畜牧兽医 (1下)：71-72.
时小可，颉建明，冯致，等，2015. 三种微生物菌剂对羊粪高温好氧堆肥的影响 [J]. 中国农学通报，31 (2)：45-48.
宋金昌，牛一兵，付志新，等，2008. 甜高粱饲用性能及生物学产量和营养成分分析 [J]. 饲料广角 (5)：41-43.
宋艳晶，刘艳琴，韩立军，等，2008. 蚯蚓粪对家禽粪便中主要产臭气微生物的影响 [J]. 家畜生态学报，29 (3)：86-89.
孙振钧，孙永明，2006. 我国农业废弃物资源化与农村生物质能利用的现状与发展 [J]. 中国农业科技导报，8 (1)：6-13.
田曦，王晓巍，刘明军，等，2012. 小麦、玉米秸秆与不同比例牛、羊粪堆置腐熟研究 [J]. 河南农业科学，41 (12)：85-88.
汪孙军，2009. 蚯蚓对牛粪的转化作用及其产物的初步应用效果 [D]. 扬州：扬州大学.
王明海，毛绍斌，2008. 中草药对湖羊生产性能及血清生化指标的影响 [J]. 中国饲料 (7)：24-26.
王楠，陈诚轩，谢鹏，等，2018. 甜高粱作为反刍动物饲料的最佳收获期的研究 [J]. 生物技术通报，34 (10)：100-107.
王瑞，丁玉林，王仲兵，等，2011. 山西省牛、羊胃肠道寄生虫调查与综合防

控措施 [J]. 黑龙江畜牧兽医（7上）：114－115.
王伟，2007. 湖羊种质资源的保护及开发利用 [D]. 苏州：苏州大学.
王霞，刘建国，马友记，等，2019. 复方中草药添加剂对湖羊屠宰性能、肉品质及瘤胃组织形态学的影响 [J]. 中国草食动物科学，39（3）：22－25.
王学平，景肖，赵军，2012. 碘量法测定天然气中硫化氢含量的影响因素 [J]. 中国石油和化工标准与质量（4）：42.
王余萍，李永芳，王冬梅，2008. 纳氏试剂分光光度法测定空气氨方法探究 [J]. 中国卫生检验杂志，18（10）：2025－2026.
王元兴，杨若飞，张有法，等，2003. 肉用绵羊与湖羊杂交产羔性能的研究 [J]. 畜牧与兽医（12）：317－321.
熊德红，王秀茹，唐敦平，等，2015. 山羊消化道线虫病的综合防治措施 [J]. 畜牧兽医科技信息（4）：54－55.
薛智勇，汤江武，2002. 畜禽废弃物的无害化处理与资源化利用技术进展（上）[J]. 浙江农业科学（1）：45－47.
杨保田，安芳兰，廖吉方，等，2010. 中草药饲料添加剂对母羊繁殖性能的影响 [J]. 中国兽药杂志，44（10）：51－54.
杨彬彬，郭春华，王之盛，等，2010. 精料补饲水平对早期断奶羔羊复胃发育的影响 [J]. 动物营养学报，22（6）：1757－1761.
杨宇泽，赵有璋，2008. 羔羊超早期断奶饲喂试验研究 [J]. 中国草食动物，28（1）：28－30.
姚升，王光宇，2016. 基于分区视角的畜禽养殖粪便农田负荷量估算及预警分析 [J]. 华中农业大学学报（社会科学版），121（1）：72－84.
张彬，李丽立，林大木，等，1998. 复合营养舔砖对山羊饲喂效果和作用机理的研究 [J]. 湖南农业大学学报，24（4）：291－298.
张宏民，林鹏超，马艳菲，2011. 羊传染性胸膜肺炎的诊治 [J]. 当代畜禽养殖业（2）：31.
张居农，刘振国，杨永军，等，2003. 工厂化养羊羔羊超早期断奶技术的研究 [J]. 中国草食动物，23（S1）：121－122.
张力，张文远，常城，等，2000. 绵羊尿素糖蜜型饲料舔砖加工工艺的研究 [J]. 中国草食动物（2）：10－11.
张鸣，高天鹏，刘玲玲，等，2010. 麦秆和羊粪混合高温堆肥腐熟进程研究 [J]. 中国生态农业学报，18（3）：566－569.
张鸣实，何彦春，严天元，等，2002. 块状饲料添加剂开发试验研究 [J]. 中国草食动物，22 (3)：18 - 20.
张其艳，2010. 羊消化道寄生线虫感染季节变化研究进展 [J]. 中国畜禽种业，5 (5)：145 - 147.
张树清，张夫道，刘秀梅，等，2005. 规模化养殖畜禽粪主要有害成分测定分析研究 [J]. 植物营养与肥料学报，11 (6)：822 - 829.
张苏江，董志国，杨金宝，2000. 饲用甜高粱的栽培与利用 [J]. 畜牧兽医杂志，19 (2)：31 - 33.
张文佳，姬翔宇，杨继业，等，2019. 中草药复合添加剂对羊瘤胃消化酶活性的影响 [J]. 畜牧与饲料科学，40 (4)：26 - 28.
张瑜，王倩倩，张文佳，等，2018. 中草药复合添加剂对绵羊抗氧化机能的影响 [J]. 山西农业科学，46 (5)：815 - 818.
张子龙，白冰，宋华，等，2012. 国内硫化氢含量的检测方法浅析 [J]. 化学工程师 (4)：34 - 37.
周玉香，张桂兰，李福林，2003. 去势对小尾寒羊羔羊增重效果的影响 [J]. 黑龙江畜牧兽医 (12)：34.
周泽英，班镁光，梁应林，等，2013. 舍饲条件下羔羊精料补饲技术研究 [J]. 安徽农业科学，41 (20)：8570 - 8571.
朱丹，卫九健，齐萌，等，2012. 河南郏县大尾寒羊肠道寄生虫感染情况调查 [J]. 中国草食动物，32 (1)：69 - 71.
朱应民，姜伟，傅建功，2014. 中草药添加剂对提高肉羊生产性能的应用研究 [J]. 山东畜牧兽医，35 (12)：12 - 13.
Lloyd W，Slyter A，Costello W，1980. Effect of breed，sex and final weight on feedlot performance，carcass characteristics and meat palatability of lambs [J]. Journal of Animal Science，51 (2)：316 - 320.

**图书在版编目（CIP）数据**

杜泊羊与湖羊规模化生态健康养殖技术 / 成钢著
．—北京：中国农业出版社，2021.10
ISBN 978 - 7 - 109 - 28858 - 4

Ⅰ.①杜…　Ⅱ.①成…　Ⅲ.①肉用羊—饲养管理
Ⅳ.①S826.9

中国版本图书馆 CIP 数据核字（2021）第 211873 号

---

中国农业出版社出版
地址：北京市朝阳区麦子店街 18 号楼
邮编：100125
责任编辑：周锦玉　　文字编辑：闫　淳
版式设计：杨　婧　　责任校对：吴丽婷
印刷：中农印务有限公司
版次：2021 年 10 月第 1 版
印次：2021 年 10 月北京第 1 次印刷
发行：新华书店北京发行所
开本：880mm×1230mm　1/32
印张：6
字数：155 千字
定价：28.00 元

---